国家新闻出版改革发展项目库入库项目

高等院校自动化系列规划教材

模块化机器人技术

——Arduino 项目开发

主　编　马宝丽
副主编　吴小涛　张慧熙

U0282500

北京邮电大学出版社
www.buptpress.com

内 容 简 介

本书基于 Arduino 平台，详细介绍了 Arduino 项目开发所需的硬件、编程环境、Arduino 语言基础，分章节重点介绍了常用元器件及其应用，列举了轮式移动机器人、机械臂、足式机器人等的制作与控制。

本书可作为机械类、自动化类、计算机类专业的机器人课程教材。对于那些喜欢创客机器人而苦于没有足够知识的读者来说，本书也可作为自学参考书。

图书在版编目(CIP)数据

模块化机器人技术：Arduino 项目开发 / 马宝丽主编． -- 北京 ：北京邮电大学出版社，2023.1（2023.9 重印）

ISBN 978-7-5635-6814-7

Ⅰ．①模… Ⅱ．①马… Ⅲ．①智能机器人—程序设计 Ⅳ．①TP242.6

中国版本图书馆 CIP 数据核字(2022)第 222303 号

策划编辑：马晓仟　责任编辑：刘春棠　责任校对：张会良　封面设计：七星博纳

出版发行：北京邮电大学出版社
社　　　址：北京市海淀区西土城路 10 号
邮政编码：100876
发 行 部：电话：010-62282185　传真：010-62283578
E-mail：publish@bupt.edu.cn
经　　　销：各地新华书店
印　　　刷：唐山玺诚印务有限公司
开　　　本：787 mm×1 092 mm　1/16
印　　　张：16.5
字　　　数：427 千字
版　　　次：2023 年 1 月第 1 版
印　　　次：2023 年 9 月第 2 次印刷

ISBN 978-7-5635-6814-7　　　　　　　　　　　　　　　　　　　定价：45.00 元

· 如有印装质量问题，请与北京邮电大学出版社发行部联系 ·

前　言

随着机器人应用领域的扩大,人们期望机器人在更多的领域为人类服务,代替人类完成更复杂的工作。大力发展机器人产业,对加快我国制造强国建设,改善人民生活水平具有重要意义。为了适应机器人技术的发展和 21 世纪高等教育人才的培养要求,本书为对机器人感兴趣但又缺乏足够电子类专业知识的读者而编写,力图语言简练,容易自学。

本书选用 Arduino 作为机器人硬件开发平台,该平台是一款优秀的开源硬件开发平台,且简单易学,可大大节约学习成本,缩短开发周期。

本书结构清晰,内容丰富,涵盖 Arduino 基础知识和高级应用。

针对 Arduino 入门者详细介绍了 Arduino 项目开发所需的硬件、编程环境、Arduino 语言基础;分章节重点介绍了常用元器件及其应用;列举了轮式移动机器人、机械臂、足式机器人等机器人的制作及其多种形式的控制,引导读者触类旁通,举一反三,快速提高开发技能。

本书分为 3 篇,每篇各章节内容如下。

第 1 篇为 Arduino 基础知识。第 1 章主要介绍 Arduino 开发板以及开发环境如何使用,第 2 章重点介绍 Arduino 语言基础。

第 2 篇为 Arduino 元器件及其应用。第 3 章介绍 Arduino 控制板的基础应用;第 4 章介绍常用控制器件及其应用;第 5 章介绍各种传感器及其应用;第 6 章介绍无线通信模块及其应用;第 7 章介绍电机与驱动,包括直流电机、舵机、步进电机的应用。

第 3 篇为 Arduino 机器人实战案例(基于"探索者"套件)。第 8 章介绍机器人机构基础知识;第 9 章介绍轮式移动机器人;第 10 章介绍工业机器人,重点讲述机械臂的结构和控制;第 11 章介绍的是足式机器人。

本书配备了足够数量的例题和习题,力图在难度上有层次,在题型上多样化,在提问题的角度上具有启发性,有利于读者自学并提高分析问题和解决问题的能力。

本书对于所有的控制案例均提供了视频介绍,读者通过扫描书中对应的二维码就可以了解每个实例的电路连接以及控制效果,以利于读者更深入地掌握各种模块的应用。

本书写作分工如下:第 4、5 章由杭州师范大学吴小涛编写,第 6、7 章由杭州师范大学张慧熙编写,其余章节由杭州师范大学马宝丽编写。

本书参考了很多教材以及 Arduino 相关网站和论坛里的大量共享资源,在此向各位作者表示感谢。

本书得到了浙江省高等教育"十四五"教学改革项目(编号:jg20220772)的资助。

由于编者能力和水平所限,书中难免存在欠妥和错误之处,恳请读者多加指正。

目　　录

第 1 篇　Arduino 基础知识

第 2 篇　Arduino 元器件及其应用

第 3 篇　Arduino 机器人实战案例(基于"探索者"套件)

第 1 篇
Arduino 基础知识

第 1 章 Arduino 简介

Arduino 源于 2005 年伊夫雷亚交互设计院的一个学生项目。当时,学生们经常抱怨找不到既便宜又好用的微控制器。因此,伊夫雷亚交互设计院的教师 Massimo Banzi、西班牙籍的微处理器工程师 David Cuartielles 以及 Banzi 的学生设计了 Arduino 控制板。目前,Arduino 是一个开源平台,它的所有设计资料都可以在其官网上免费获得。

1.1 初识 Arduino

Arduino 是一个能够用来感应和控制现实物理世界的工具。它由一个基于单片机并且开放源代码的硬件平台和一套为 Arduino 控制板编写程序的集成开发环境(Integrated Development Environment,IDE)组成。

Arduino 的核心是 AVR 单片机,其对 AVR 库进行了二次编译封装,将复杂的单片机底层代码封装成简单实用的函数,大大降低了软件开发难度,适合非电子专业学生和爱好者使用。

Arduino 语言是建立在 C/C++ 基础上的,也就是基础的 C 语言。Arduino 软件是开源的,对于有经验的程序员,Arduino 编程语言可以通过 C++ 库进行扩展。

Arduino 可以用来开发交互产品,例如,它可以读取大量的开关和传感器信号,还可以控制各种各样的 LED、电机和其他物理设备。目前,越来越多的电子爱好者使用 Arduino 来开发机器人、物联网、3D 打印等项目。

1.2 Arduino 控制板介绍

Arduino 发展至今,已经有了多种不同类型的控制板(也叫作开发板、主板)。它们具有不同的硬件配置,可以满足各种控制需求。

下面简要介绍几种应用比较广泛的 Arduino 控制板。

1.2.1 Arduino Uno

Arduino Uno 是目前使用最广泛的 Arduino 控制板之一,是基于 Atmega 328 开发的。它有 14 个数字输入/输出口(其中 6 个引脚可作为 PWM 输出)、6 个模拟输入口、1 个 16 MHz 晶体振荡器、1 个 USB 接口、1 个电源插座、1 个在线串行编程(In-Circuit Serial Programming,ICSP)接口等。它支持连接到计算机的 USB 接口直接供电、外部直流电源通过电源插座供电、电池连接电源连接器的 GND 和 VIN 口供电共 3 种供电方式。

到目前为止 Arduino Uno 共经历了 3 个版本。Arduino Uno R3 是 Arduino Uno 第三

代,它使用 Atmega 16U2 作为串口转 USB 接口的转换器,可通过 USB 接口利用串口通信向开发板内写程序,使烧录程序变得非常简单、快捷。Arduino Uno R3 的外形如图 1.1 所示。

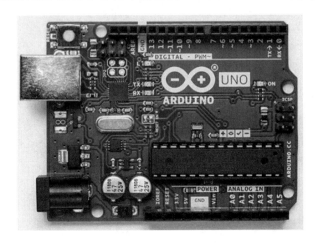

图 1.1　Arduino Uno R3

后续的内容都将以 Arduino Uno 作为核心。3.1 节将详细介绍 Arduino Uno 控制板的各个部分,这里不作过多介绍。

1.2.2　Arduino Mega 2560

Arduino Mega 2560 的核心是 Atmega 2560,其适合用于需要大量 I/O 接口的设计。它有 54 个数字输入/输出口(其中有 15 个可作为 PWM 输出口)、16 个模拟输入口、4 个串行通用异步收发器(Universal Asynchronous Receiver/Transmitter,UART)接口、1 个 16 MHz 晶体振荡器、1 个 USB 接口、1 个电源插座、1 个 ICSP 接口和 1 个复位按钮。Arduino Mega 2560 也能兼容为 Arduino Uno 设计的扩展板。它的外形如图 1.2 所示。

图 1.2　Arduino Mega 2560

关于数字输入/输出口与模拟输入口的说明如下。

(1) 54 个数字输入/输出口

工作电压为 5 V,每一个口能输出和输入的最大电流为 40 mA。每一个口配置了 20 Ω～50 kΩ 的内部上拉电阻(默认不连接)。除此之外,部分口有特定的功能。

① 4 个串口信号。

- 串口 0:0(RX)和 1(TX)。
- 串口 1:19(RX)和 18(TX)。
- 串口 2:17(RX)和 16(TX)。
- 串口 3:15(RX)和 14(TX)。

② 6 个外部中断:2(中断 0)、3(中断 1)、21(中断 2)、20(中断 3)、19(中断 4)、18(中断 5)。触发中断引脚可设成上升沿、下降沿或同时触发。

③ 15 个 PWM(2~13,44~46)输出口:提供 15 路 8 位 PWM 输出。

④ SPI〔50(MISO)、51(MOSI)、52(SCK)、53(SS)〕:SPI 通信接口。

⑤ LED(引脚 13):Arduino 用于测试 LED 的保留接口,输出为高电平时 LED 点亮,输出为低电平时 LED 熄灭。

(2) 16 个模拟输入口

每一路具有 10 位的分辨率(即输入有 1 024 个不同值),默认输入信号范围为 0~5 V,可以通过 AREF 调整输入上限。

1.2.3　Arduino Nano

对于一些对电路板大小要求比较严格的场合,Arduino 团队提供了 Arduino Nano,此板体积非常小。它的外形如图 1.3 所示。

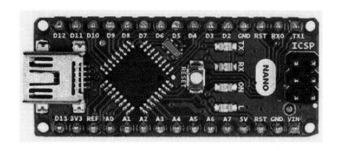

图 1.3　Arduino Nano

Arduino Nano 与其他控制板最大的不同是没有电源插座,USB 接口是 mini-B 型插座。Arduino Nano 可以直接插在实验电路板上使用,其处理器核心是 Atmega 328(Nano 3.0)。它有 14 个数字输入/输出口(其中 6 个可作为 PWM 输出口)、8 个模拟输入口、1 个 16 MHz 晶体振荡器、1 个 mini-B USB 接口、1 个 ICSP 接口和 1 个复位按钮。

引脚分配时应注意以下事项。

① 0、1 为 RX、TX 接口,这两个接口一般作为串口使用,非串口设备尽量不占用该引脚。

② 2、3 为中断口,分别对应中断 0、中断 1,需要中断功能的设备必须接入该引脚。

③ 2~13、A0~A5 共 18 个针脚,都可以作为数字引脚,编号连起来,分别是 2~19。

④ 13 引脚只能为 OUTPUT 模式,即只能作为输出端,不能用作输入端。

⑤ A6、A7 引脚只能用作模拟信号,不能用作数字信号。

总结:一般情况下,除了 0、1、13、A6、A7 这几个引脚比较特殊外,其他的引脚都可以按照正常功能使用。也就是说,2~12、A0~A5 这 17 个引脚可以放心使用。

1.2.4　Arduino Uno Wi-Fi

Arduino Uno Wi-Fi 是一款带有集成式 Wi-Fi 模块的新型 Arduino Uno 控制板。该板基于 Atmega 328 微处理器,具有集成 ESP8266 Wi-Fi 模块。ESP8266 Wi-Fi 模块是一款独立的系统级芯片(SoC),具有集成式 TCP/IP 协议栈,可以让用户访问 Wi-Fi 网络。Arduino Uno Wi-Fi允许用户通过 Wi-Fi 和传感器通信或通过安装在用户板卡上的执行器轻松快速地创建物联网系统。它有 14 个数字输入/输出口(其中 6 个可用作 PWM 输出)、6 个模拟输入口、1 个 16 MHz 晶体振荡器、1 个 USB 接口、1 个电源插座、1 个 ICSP 接口和 1 个复位按钮。它外形如图 1.4 所示。

图 1.4　Arduino Uno Wi-Fi

若控制板不能满足需要,还可以找到支持所需功能的扩展板(也叫作盾板)。扩展板和控制板类似,但它只支持特定的功能,如控制电机的扩展板(如图 1.5 所示)、可以连接传感器的扩展板(如图 1.6 所示)。

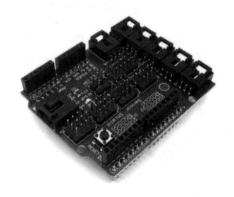

图 1.5　控制电机的扩展板　　　　　　　图 1.6　可以连接传感器的扩展板

扩展板就像一个插件,可以将它堆叠插到 Arduino 控制板上。Arduino 有两种形式的扩展板:一种扩展板并不会增加 I/O 口的数量,但这种扩展板设计了方便插入传感器的接口,方便连接多个传感器;另一种扩展板是转通用 I/O 口 GPIO 的扩展板,这种扩展板通过 IIC 扩充了I/O 口的数量。

1.3　Arduino Uno 驱动程序安装

首先需要从 Arduino 官方网站下载其编译软件,下载地址是 http://arduino.cc/en/Main/Software。在页面右侧的文本框中单击 Windows ZIP file for non admin install,在打开的页面中选择 JUST DOWNLOAD,即可免费下载。下载完成后,将压缩文件解压,解压缩后的目录结构如图 1.7 所示,找到 Arduino 的执行文件 arduino.exe,双击即可打开 IDE,不需要安装就可以直接执行。Arduino 支持 Windows、macOS、Linux 等操作系统。

名称	修改日期	类型	大小
drivers	2017/1/11 11:00	文件夹	
examples	2017/1/11 11:01	文件夹	
hardware	2017/1/11 11:01	文件夹	
java	2017/1/11 11:03	文件夹	
lib	2017/1/11 11:01	文件夹	
libraries	2018/4/11 13:52	文件夹	
reference	2017/1/11 11:01	文件夹	
tools	2017/1/11 11:02	文件夹	
tools-builder	2017/1/11 11:01	文件夹	
arduino	2017/1/11 11:02	应用程序	395 KB
arduino.l4j	2017/1/11 11:02	配置设置	1 KB
arduino_debug	2017/1/11 11:02	应用程序	392 KB
arduino_debug.l4j	2017/1/11 11:02	配置设置	1 KB
arduino-builder	2017/1/11 11:01	应用程序	3,192 KB
libusb0.dll	2017/1/11 11:00	应用程序扩展	43 KB
msvcp100.dll	2017/1/11 11:00	应用程序扩展	412 KB
msvcr100.dll	2017/1/11 11:00	应用程序扩展	753 KB
revisions	2017/1/11 11:00	文本文档	81 KB
wrapper-manifest	2017/1/11 11:02	XML 文档	1 KB

图 1.7　arduino 文件夹目录

在 arduino 文件夹中,除了可执行文件 arduino.exe 外,还有很多文件夹。其中,drivers 文件夹是第一次将 Arduino 插上计算机后需要的驱动程序。examples 文件夹包含示例程序,可在 IDE 下单击"文件"→"示例",打开内嵌范例程序。libraries 文件夹则包含函数库文件,函数库分为两类:一类是由 Arduino 官方编写的链接库,如 Liquid Crystal(液晶显示器)、Servo(伺服电机)、Stepper(步进电机)、Ethernet(以太网)、Wi-Fi(无线网络)等;另一类是由开发商或创客所编写的函数库,如 IRremote(红外遥控)。hardware 文件夹的下一层目录里,有一个 bootloader 文件,bootloader 也是一个程序,它的作用是将从 IDE 中编译好的代码直接写进芯片,即完成芯片的烧录。正因为有了 bootloader 文件才使得 Arduino 芯片可以简单地通过串口与计算机等外部设备进行通信获取用户程序。

1.4　Arduino 开发环境

Arduino 开发环境的主界面如图 1.8 所示,有 5 个下拉菜单,分别为文件(File)、编辑(Edit)、项目(Sketch)、工具(Tool)、帮助(Help)。

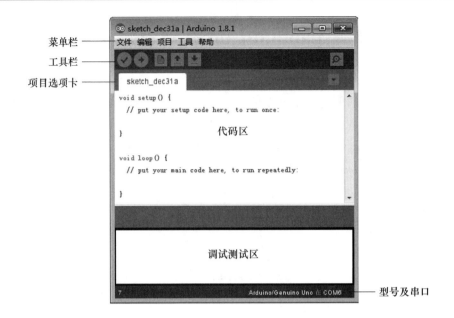

图 1.8　Arduino 开发环境的主界面

在菜单栏的下方还提供了 6 个常用的快捷菜单按钮,依次为验证(Verify)、上传(Upload)、新建(New)、打开(Open)、保存(Save)、串口监视器(Serial Monitor)。这 6 个快捷菜单按钮的具体功能如表 1.1 所示。

表 1.1　快捷菜单按钮的具体功能

图　标	名　称	作　用
✓	验证（Verify）	完成程序的检查和编译
→	上传(Upload)	将编译完成的程序上传到 Arduino 控制板中
▯	新建(New)	新建一个 Arduino 程序文件
↑	打开(Open)	打开一个已经存在的 Arduino 程序文件,其文件后缀名为.ino
↓	保存(Save)	保存当前的程序文件
⊙	串口监视器 （Serial Monitor）	计算机与 Arduino 控制板的通信接口,利用它可以查看串口发送和接收的数据

1.5 程序开发实例

以 Arduino Uno 控制板自带的 LED 闪烁的例子来介绍 Arduino 进行程序开发的具体流程,请扫描二维码。

程序开发流程

1. 新建文件

在 Arduino 开发环境的主界面中,单击"新建"按钮,新建一个空白的 Arduino 程序文件。

2. 安装驱动程序

以安装 Arduino Uno 控制板驱动程序为例。

① 用 USB 线将 Arduino Uno 控制板与计算机相连。在屏幕的右下角会出现"正在安装设备驱动程序软件"的提示,如图 1.9 所示。

图 1.9 驱动程序软件安装提示

② 依次单击"开始"→"控制面板"→"系统"→"设备管理器",打开设备管理器窗口,这时会看到图 1.10 所示的"Arduino Uno"。

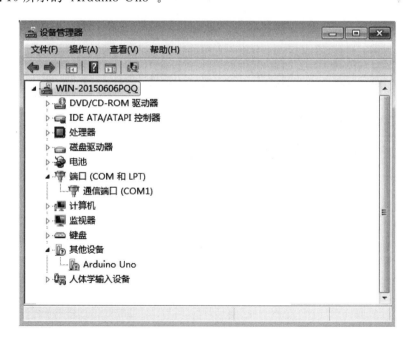

图 1.10 设备管理器窗口

③ 双击"Arduino Uno",在打开的未知设备属性界面中,单击"更新驱动程序"按钮,

如图 1.11 所示。

图 1.11　驱动程序安装界面

④ 在弹出的对话框中,单击"浏览计算机以查找驱动程序软件(R)",如图 1.12 所示。

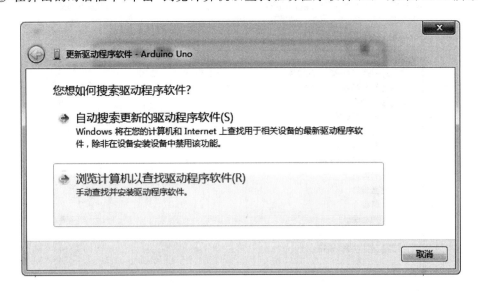

图 1.12　驱动程序浏览界面

⑤ 在弹出的对话框中,选择驱动所在的地址,也就是 Arduino 软件所在目录下的 drivers 文件夹,单击"下一步"按钮,如图 1.13 所示。

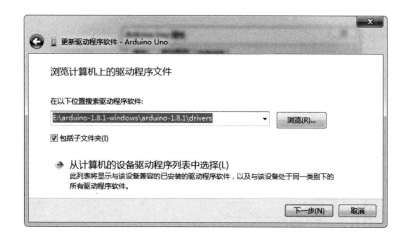

图 1.13　选择驱动所在地址

⑥ 在弹出的"Windows 安全"对话框中,单击"安装"按钮,开始安装驱动程序。

图 1.14　确认是否安装设备软件

⑦ 安装完成后,会显示提示信息,如图 1.15 所示。

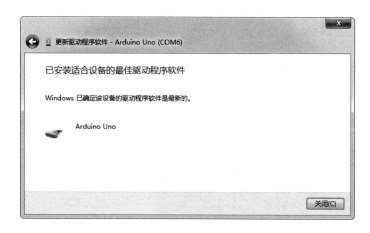

图 1.15　驱动安装完成提示界面

⑧ 此时在设备管理器界面内,在"端口(COM 和 LPT)"中,可以看到新增的端口"Arduino

Uno(COM6)"，如图 1.16 所示。Arduino Uno 所使用的 COM 号随系统环境不同而有所不同，由系统自动分配。

图 1.16　驱动安装成功后的设备管理器界面

3. 选择 Arduino 开发板的型号和串行端口

依次单击 IDE 主界面的"工具"→"开发板：'Arduino/Genuino Uno'"选项，根据开发板的类型选择对应的型号，如图 1.17 所示。

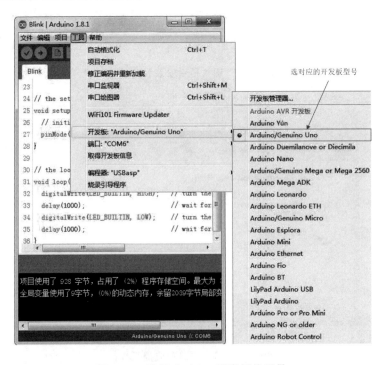

图 1.17　选择 Arduino 开发板的型号

依次单击"工具"→"端口：'COM6（Arduino/Genuino Uno）'"选项，选择资源管理器中查看到的串行端口（COM6），如图 1.18 所示。

图 1.18　选择 Arduino 开发板的串行端口

开发板的型号和串行端口设置完成后，就可以在 IDE 的右下角看到当前设置的 Arduino 开发板型号及对应的串行端口号，如图 1.18 中显示的"Arduino/Genuino Uno 在 COM6"。

4. 程序代码

```
/*
    Blink
    Turns on an LED on for one second,then off for one second,repeatedly.
    This example code is in the public domain.
 */
 //Pin 13 has an LED connected on most Arduino boards. give it a name:
int led = 13;
//the setup routine runs once when you press reset:
voidsetup() {
    //initialize the digital pin as an output.
    pinMode(led,OUTPUT);
}
voidloop() {
    digitalWrite(led,HIGH);          //turn the LED on (HIGH is the voltage level)
    delay(1000);                     //wait for a second
    digitalWrite(led,LOW);           //turn the LED off by making the voltage LOW
    delay(1000);                     //wait for a second
}
```

5. 保存程序

输入程序后,在开发环境中依次单击"文件"→"保存"选项,或者单击快捷菜单按钮 ⬇ ,完成程序的保存。

6. 编译程序

单击快捷菜单按钮 ✓ ,实现当前程序的编译,程序编译需要一定的时间,编译完成后,Arduino 开发环境的状态栏会提示"编译完成",如图 1.19 所示。

图 1.19　编译完成的提示

7. 上传程序

单击快捷菜单按钮 ➡ ,将编译成功的程序上传到 Arduino Uno 控制板,在程序上传的过程中,控制板的串口指示灯(RX 和 TX)会不停地闪烁。程序上传完成后,开发环境的状态栏提示"上传成功",如图 1.20 所示,同时 Arduino Uno 控制板上的 LED 会不停地闪烁。

图 1.20　上传成功的提示

复 习 题

1. ＿＿＿＿＿＿是目前使用最广泛的 Arduino 控制板。

    A. Arduino Uno　　　　　　　　　B. Arduino Mega 2560

    C. Arduino Leonardo　　　　　　　D. Arduino Due

2. 在 Arduino 开发环境主界面菜单栏的下方提供了常用的快捷菜单按钮,其中串口监视器的按钮是＿＿＿＿＿＿。

    A. ☑　　　　　　B. ➡　　　　　　C. 📄　　　　　　D. 🔎

3. Arduino 控制板的核心是＿＿＿＿＿＿,Arduino 语言是建立在＿＿＿＿＿＿基础上的。

4. Arduino Uno 控制板是基于＿＿＿＿＿＿的微控制器。它有＿＿＿＿＿＿个数字输入/输出口、＿＿＿＿＿＿个模拟输入口、1 个＿＿＿＿＿＿Hz 晶体振荡器等。

5. ＿＿＿＿＿＿文件夹包含函数库文件。函数库分为两类,一类是由 Arduino 官方编写的链接库,如＿＿＿＿＿＿是舵机库文件;另一类是由开发商或创客编写的函数库,如＿＿＿＿＿＿是红外遥控库文件。

6. 程序编译成功后,需要上传至控制板时,还需要进行哪些设置? 如何设置?

7. 把 1.5 节中的程序输入 IDE,并编译、上传至控制板。

第 2 章　Arduino 语言基础

Arduino 语言是建立在 C/C++基础上的,虽然 C++兼容 C 语言,但是这两种语言又有所区别。C 语言是一种面向过程的编程语言,C++是一种面向对象的编程语言。早期的 Arduino核心库使用 C 语言编写,后来引进了面向对象的思想,目前最新的 Arduino 核心库采用 C 与 C++混合编程。

Arduino 语言与 C 语言非常相似,只不过 Arduino 语言把 AVR 单片机相关的一些参数设置函数化了,包括 I/O 控制、时间函数、中断函数、数学函数、串口通信函数等,这些基础函数使单片机系统开发不再有复杂的底层代码,让不了解 AVR 单片机的用户也能轻松上手。另外,Arduino 开发环境在"文件/示例"菜单中提供了大量的示例,从而大大地降低了初学者的学习难度。

2.1　Arduino 程序结构

不同于标准的 C 语言,在 Arduino 程序中,看不到主函数 main(),取而代之的两个函数是 setup()和 loop(),main()函数没有出现的原因是其在内部已经被定义。新建一个文件,界面如图 2.1 所示。

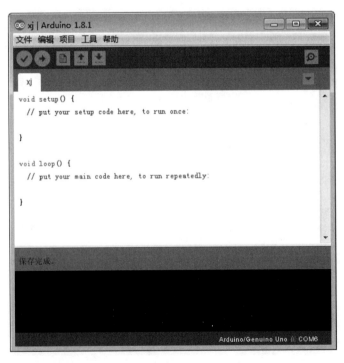

图 2.1　新建文件界面

2.1.1　setup()

当 Arduino 控制板通电后,执行完定义部分后,setup()函数就会被调用,且只会执行一次。setup()函数用来初始化设置,如定义引脚模式、初始化串口等。

2.1.2　loop()

loop()函数是主程序的执行内容,只要电源不断电,函数内的程序就会被无限次地重复运行,程序的主体部分会写在这里。

在这里还是以 1.5 节的 Blink 程序为例。

```
/*
    Blink
    Turns on an LED on for one second, then off for one second, repeatedly.
    This example code is in the public domain.
 */
 //在 Arduino Uno 控制板中,13 号引脚与 LED 连接
int led = 13;                      //定义变量名 led,赋值为 13
//the setup routine runs once when you press reset:
void setup() {
    pinMode(led, OUTPUT);          //设置 13 号引脚为输出模式
}
void loop() {
    digitalWrite(led, HIGH);       //将 13 号引脚电压设为高电平
    delay(1000);                   //延时 1 000 毫秒(1 秒)
    digitalWrite(led, LOW);        //将 13 号引脚电压设为低电平
    delay(1000);                   //延时 1 000 毫秒(1 秒)
}
```

在程序中,程序的语句以分号(;)结束。例如:

```
int a;
```

在一行中可以有多条语句。例如:

```
int a;   int b;   int c;
```

为了使程序更加容易调试,通常情况下,一条语句单独占用一行。

2.2　Arduino 程序中的数值和赋值语句

2.2.1　常量

常量是指在程序中不能被更改的量。在 Arduino 程序中,有一些预定义常量,如以下常量值。

1. true/false

true 表示真(1),false 表示假(0)。

2. HIGH/LOW

其表示数字 I/O 口的电平,HIGH 表示高电平(1),LOW 表示低电平(0)。

3. INPUT/OUTPUT

其表示数字 I/O 口的模式,INPUT 表示输入,OUTPUT 表示输出。

4. INPUT_PULLUP

其表示输入,用于激活上拉电阻。

2.2.2　变量

1. 变量名称

当在 C 语言中定义变量时,需要指定变量的类型。变量其实代表了一个存储单元,其中的值是可以改变的,因此称为变量。在一个程序中可能要用到若干变量,为了区别不同的变量,必须给变量取一个名字,称为变量名。

Arduino 程序的变量名符合 C/C++ 语言的变量命名方式,可以由字母、数字和下划线组成,但不能以数字开头。一般在变量命名时,应该以易于阅读为原则,例如,button 表示按钮,velocity 表示速度等。

2. 变量类型

由于每一种数据类型(data type)在内存中所占用的空间大小不同,因此在声明变量的同时,必须指定变量的数据类型,这样编译程序才能分配适当大小的内存空间给这些变量,用于存储数据。

除了常见的整数类型外,还有多种数据类型,如表 2.1 所示。

表 2.1　数据类型

数据类型	定义标识符	占字节数	数值范围
整数型	int	2	$-32\,768 \sim +32\,767$
无符号整数型	unsigned int	2	$0 \sim 65\,535$
长整型	long	4	$-2\,147\,483\,648 \sim +2\,147\,483\,647$
布尔型	boolean	1	true 或者 false
字符型	char	1	$-128 \sim +127$
无符号字符型	unsigned char	1	$0 \sim 255$
字节型	byte	1	$0 \sim 255$
浮点型	float	4	$-3.402\,823\,5 \times 10^{38} \sim +3.402\,823\,5 \times 10^{38}$
字符串型	String	—	根据具体情况确定

Arduino 程序允许在定义变量的过程中同时为变量赋初始值。例如:

```
int led = 13;            //定义变量 led 为整数型,led 的初始值为 13
char mychar = 'm';       //定义变量 mychar 为字符型,mychar 的初始值为 m,要用单引号括起来
```

3. 获取变量字节数函数 sizeof(　)

sizeof(　)函数用于获取变量的字节数。例如：

```
int a = 0;
sizeof(a);    //结果为 2
char b[] = {'f','a','m','i','l','y'};   //定义变量 b[]为字符数组类型
sizeof(b);   //结果为 6
```

2.2.3　变量的作用域

变量的作用域用来限制变量可以被使用的范围，Arduino 程序中的变量有确定的作用范围。变量的作用域被限制在语句块中，在变量作用域之外的位置无法访问该变量。根据变量占用内存空间的时间长短，变量分为全局变量（global variable）和局部变量（local variable）两种。

全局变量被声明在任何函数之外。当执行 Arduino 程序时，全局变量就被生成并且被分配了内存空间，在程序执行期间，都能保存其数值，直到程序结束执行时才会释放这些占用的内存空间。

局部变量又称为自动变量，在函数的"{ }"内声明。当函数被调用时，这些局部变量就会自动产生，系统会给这些局部变量分配内存空间，当函数结束时，这些局部变量又会自动消失并释放所占用的内存空间。

2.2.4　变量类型转换函数

Arduino 程序提供的变量转换函数如表 2.2 所示。

表 2.2　变量类型转换函数

函　数	作　用
char( )	将定值转换为 char 类型
byte( )	将定值转换为 byte 类型
int( )	将定值转换为 int 类型
float( )	将定值转换为 float 类型

2.2.5　赋值语句

在 Arduino 语言中，"＝"作为赋值运算符，而不表示"等于"判断。赋值语句是由赋值表达式加上分号构成的表达式语句，它是程序中使用最多的语句之一。程序的语句以分号结束。

其一般形式为

```
变量 = 表达式;
```

例如：

```
a = 3;  // 把 3 赋给 a 变量
```

2.3　运　算　符

2.3.1　算术运算符

算术运算符用于各类数值的运算,使用说明如表 2.3 所示。

表 2.3　算术运算符

运算符	含　义	说　明	示　例
＋	加	求和运算	int x＝2＋3;//x＝5
－	减	求差运算	int y＝3－2;//y＝1
＊	乘以	求积运算	int z＝2＊3;//z＝6
/	除以	求商运算	int x＝5/2;//x＝2
％	模	求余运算	int y＝5％2;//y＝1
＋＋	自加	加 1 运算	int x＝7;x＋＋;//x＝8
－－	自减	减 1 运算	int y＝7;y－－;//y＝6

2.3.2　关系运算符

关系运算指的是两个操作数值的比较。关系运算符包括大于(＞)、小于(＜)、等于(＝＝)、不等于(!＝)、大于等于(＞＝)、小于等于(＜＝)6 种。

关系运算符的运算结果是布尔(boolean)值,值有两个:true 和 false。当关系成立时,返回 true;当关系不成立时,返回 false。关系运算符的优先级都相同,按照出现的顺序从左到右按序执行。关系运算符的使用说明如表 2.4 所示。

表 2.4　关系运算符

运算符	含　义	示　例	说　明
＞	大于	a＞b	若 a 大于 b,则结果为 true,否则为 false
＜	小于	a＜b	若 a 小于 b,则结果为 true,否则为 false
＝＝	等于	a＝＝b	若 a 等于 b,则结果为 true,否则为 false
!＝	不等于	a!＝b	若 a 不等于 b,则结果为 true,否则为 false
＞＝	大于等于	a＞＝b	若 a 大于等于 b,则结果为 true,否则为 false
＜＝	小于等于	a＜＝b	若 a 小于等于 b,则结果为 true,否则为 false

2.3.3　逻辑运算符

逻辑运算符有 3 种:与运算(＆＆)、或运算(||)、非运算(!)。逻辑运算符的运算结果是布尔(boolean)值,值有两个:true 和 false。逻辑运算符的使用说明如表 2.5 所示。

表 2.5　逻辑运算符

运算符	含　义	示　例	说　明
&&	与运算	a&&b	a、b 两个量都为真,结果才是真,否则为假
||	或运算	a||b	a、b 两个量只要一个量为真,结果就为真;两个量都为假时,结果才为假
!	非运算	!a	a 为假时,结果为真;a 为真时,结果为假

与运算(&&)和或运算(\|\|)具有左结合性;非运算(!)具有右结合性。

2.3.4　位运算符

位运算符是指将两个变量的每一个对应的二进位都进行逻辑运算,位值 1 为真,位值 0 为假。位取反运算时,需要注意,并不是各位直接取反。由于计算机并不直接存储二进制原码,而是存储二进制的补码。正数的补码就是原码,比如 1,原码为 00000001,补码也为 00000001。而负数的补码是符号位不变,原码取反再加 1。比如−1,原码为 10000001,取反为 11111110,加 1 后为 11111111,11111111 就是−1 的二进制补码。当输出负数时,将补码逆向译成原码,补码减 1 取反得原码。若变量为无符号数,执行右移位运算时,填入最高位的位值为 0;若变量为有符号数,则填入最高位的位值为最高位本身,低位舍弃。对左移位运算而言,无论是无符号数还是有符号数,填入最低位的位值都为 0,高位舍弃。位运算符使用说明如表 2.6 所示。

表 2.6　位运算符

位运算符	含　义	示　例	说　明
&	位与运算	9&5	9(00001001)和 5(00000101)按位逻辑与运算,结果为 1(00000001)
|	位或运算	9|5	9(00001001)和 5(00000101)按位逻辑或运算,结果为 13(00001101)
^	位异或运算	9^5	当对应的二进制位上的数字不相同时,结果为 1,否则为 0。例如:1^1=0,1^0=1,0^0=0,0^1=1 9(00001001)和 5(00000101)按位逻辑或运算,结果为 12(00001100)
~	位取反运算	~a	对数据的每个二进制位取反,即把 1 变为 0,把 0 变为 1 若 a=60(00111100),a 为正数,补码就是原码。补码按位取反后为 11000011,最高位为 1,计算机认为是负数的补码,符号位不变,减 1 后其他位取反,得负数的原码,因此输出结果为−61(10111101)
<<	位左移运算	a<<2	运算数的各二进制位全部左移 2 位,高位丢弃,低位补 0 若 a=60,输出结果为 240(11110000)
>>	位右移运算	a>>2	把>>左边运算数的各二进制位全部右移 2 位 若 a=60,输出结果为 15(00001111)

2.3.5　运算符的优先级

运算符的优先次序为非运算(!)>算术运算符>关系运算符>与运算(&&)>或运算(\|\|)。例如:

- a>b&&c>d 等价于(a>b)&&(c>d)。
- !b==c\|\|d<a 等价于((!b)==c)\|\|(d<a)。
- a+b>c && x+y<b 等价于((a+b)>c)&&((x+y)<b)。

2.4　语法补充

本节主要介绍两个预处理命令、语句块、数组、字符串、自定义函数、调用函数以及注释,这些语法关系到编译器的处理规则,相较于之前的内容稍微抽象一些。

2.4.1　预处理命令♯define 和♯include

在程序编译之前会先处理程序中以"♯"开头的语句,这个操作就是预处理。以"♯"开头的语句称为预处理命令。预处理命令虽然存储在程序源代码中,但是不同于源代码中的其他代码。预处理的语句是由预处理器负责的。♯define 和♯include 均为预处理命令。

1.♯define

预处理命令♯define 用来定义一个字符串,这个字符串可以是常量、表达式或者含有自变量的表达式。它的语法形式如下:

```
♯define　标识符　字符串
```

例如,定义 LEDPin 的值为13,语句如下:

```
♯define LEDPin 13
```

语句的含义:定义一个名为 LEDPin 的常量,在实际编译前,系统会将代码中所有的 LEDPin 替换为13,再对替换后的代码进行编译。这种定义方式称为宏定义,即使用一个特定的标识符来代表一个字符串。

2.♯include

预处理命令♯include 用来包含指定的文件到当前文件中。它的语法形式如下:

```
♯include<文件名>
```

或者

```
♯include "文件名"
```

例如,包含舵机库文件,语句如下:

```
♯include< Servo.h>
♯include "Servo.h"
```

这两种形式的实际效果是一样的。区别在于当使用<文件名>形式时,系统会优先在 Arduino 库文件中寻找目标文件,若没有找到,系统再到当前 Arduino 项目的文件夹中查找;而使用"文件名"形式时,系统会优先在 Arduino 项目文件夹中查找目标文件,若没有找到,再查找 Arduino 库文件。

2.4.2　语句块

两个花括号之间的语句称为语句块,它有两个作用:将多条语句作为一个整体和形成一个作用域。例如,下面的语句会被当作一条语句来执行,这在控制结构中是非常有用的。

```
{
    int a = a + 3;
    c = a * 2;
}
```

同时,语句块又是一个独立的作用域,因此其中定义的变量 a 无法在语句块之外使用。

2.4.3　数组

数组是由一组具有相同数据类型的数据构成的集合。数组概念的引入使得程序在处理多个相同类型的数据时更加清晰和简洁。

1. 一维数组的定义

定义一维数组的语法形式如下:

数据类型　数组名称[数组元素个数]；　//一维数组的定义

例如,定义一个有 5 个整数型元素数组的语句为

int a[5];

如果要访问一个数组中的某一个元素,则需要使用以下语句:

数组名称[下标]

需要注意的是,数组下标从 0 开始编号。

在定义数组的同时可对数组进行赋值,例如:

int a[5] = {1,2,3,4,5};// a[0] = 1; a[1] = 2; a[2] = 3; a[3] = 4; a[4] = 5;

2. 二维数组的定义

定义二维数组的语法形式如下:

数据类型　数组名称[行数][列数]；　//二维数组的定义

例如:定义一个 2 行 3 列的整数型元素数组的语句为

int b[2][3];

数组共有 6 个整数变量,即

b[0][0],b[0][1],b[0][2]
b[1][0],b[1][1],b[1][2]

赋初始值的语句为

b[2][3] = {{0,1,2},{3,4,5}};

也可以把以上两个语句合并,既定义又赋值。

int b[2][3] = {{0,1,2},{3,4,5}};

一维数组和二维数组的定义示例如下:

```
void setup()
{
int a[5] = {10,11,12,13,14};     //a[0] = 10,a[1] = 11,a[2] = 12,a[3] = 13,a[4] = 14
int b[2][3] = {{0,1,2},{3,4,5}};//b[0][0] = 0,b[0][1] = 1,b[0][2] = 2,b[1][0] = 3,b[1][1] = 4,b[1][2] = 5
}
void loop()
{}
```

2.4.4　字符串

字符串的定义方式有两种:一种是以字符型数组方式定义;另一种是使用 String 类型定义。以字符型数组方式定义的语句为

```
char 字符串名称[字符个数];
```

使用字符型数组方式定义的字符串的使用方法与数组的使用方法一致,有多少个字符便占用多少字节的存储空间。而在大多数情况下是使用 String 类型来定义字符串,该类型提供了一些操作字符串的成员函数,使得字符串使用起来更为灵活。定义语句为

```
String 字符串名称;
```

例如:

```
String abc;
```

上述语句即可定义一个名为 abc 的字符串。可以在定义字符串时为其赋值,也可以在定义以后为其赋值,例如,语句

```
String abc;              //先定义
abc = "Arduino";         //后赋值,字符串用双引号括起来
```

和语句

```
String abc = "Arduino";  //定义并赋值
```

是等效的。

相对于字符数组形式的定义方法,使用 String 类型定义字符串会占用更多的存储空间。

2.4.5　自定义函数

除了可以直接使用的系统函数外,也可以定义自己的函数来满足特定的需求。

定义函数的语法形式如下:

```
数据类型　函数名(形参)
{
    函数体
}
```

说明:

① 函数的数据类型是函数的返回值类型(若数据类型为 void,则无返回值)。

② 函数名是标识符,函数的名字按照标识符的取名规则选取,最好取容易记忆的名字。

③ 形参可以是空的(无参函数),也可以有多个,形参间用逗号隔开,不管有无参数,函数名后的圆括号都必须有。形参必须有类型说明,形参可以是变量名、数组名,它的作用是实现主调函数与被调用函数之间的关系。

④ 函数中最外层的一对花括号"{}"括起来的若干个说明语句和执行语句组成了一个函数的函数体。由函数体内的语句决定该函数的功能。函数体实际上是一个复合语句,它可以没有任何类型说明,而只有语句,也可以两者都没有,即空函数。

例如:

```
int Distance_test()   //超声波测距函数,无参数,返回类型为整数型
{
    digitalWrite(Trigpin,LOW);
    delayMicroseconds(2);
    digitalWrite(Trigpin,HIGH);
    delayMicroseconds(10);
    digitalWrite(Trigpin,LOW);
    distance = pulseIn(Echopin,HIGH)/58;
    return (int)distance;
}
```

2.4.6　调用函数

自定义函数在没有被调用的时候是静止的,此时的形参只是一个符号,它标志着在形参出现的位置应该有一个什么类型的数据。函数在被调用时才执行,也就是在被调用时才由主调函数将实参值赋予形参。当然,在函数定义时若没有形参,在调用时就不需要实参了。可以使用如下语法进行调用:

```
函数名(实参)
```

例如:

```
if  (Distance_test()>10)    //在这里,调用了 Distance_test()函数
{
    digitalWrite(5,LOW);
    digitalWrite(6,LOW);
    digitalWrite(9,LOW);
    digitalWrite(10,LOW);
}
```

2.4.7　注释

注释用来对代码所实现的功能做一些描述,当然也可以用来做一些相关说明。为了使程序易于理解,添加注释行,提高程序的可读性。在程序编译时,自动忽略注释行部分。Arduino 语言提供了两种注释方法。

①"//"为单行注释,从"//"开始到本行结束的内容都为注释。例如:

```
//the setup routine runs once when you press reset:
void setup()
{
    pinMode(led,OUTPUT);    //设置 13 号引脚为输出模式
}
```

② 以"/ *"开头,以" * /"结尾为多行注释,之间的内容就是注释内容。

```
/*
    Blink
    Turns on an LED on for one second,then off for one second,repeatedly.
*/
```

这些内容不会被编译到可执行程序中,因此不必担心会增加可执行程序的运行时间。

2.5　Arduino 语言的程序控制结构

Arduino 程序由若干条语句组成,各语句按照自上而下的顺序一条一条地执行,这样的程序结构叫作顺序结构。但在解决问题的过程中,会不可避免地遇到需要选择或者循环工作的情况。这时,程序执行的顺序需要变化,而非从前往后逐一执行。因此,程序中除了顺序结构以外,通常还有选择结构、循环结构。

2.5.1　if 选择结构

Arduino 语言提供了 4 种选择结构,即 if 语句、if … else 语句、if … else if 语句和 switch 语句。

1. if 语句(单分支结构)

(1) 语句格式

```
if(条件表达式)
{
    语句;
}
```

(2) 语义

如果条件表达式的值为真,则执行其后的语句,否则不执行该语句。其执行过程可表示为图 2.2。

注意:这里的语句可以是语句块。

2. if … else 语句(双分支结构)

(1) 语句格式

```
if(条件表达式)
{
    语句 1;
}
else
{
    语句 2;
}
```

(2) 语义

如果表达式的值为真,则执行语句 1,否则执行语句 2。其执行过程可表示为图 2.3。

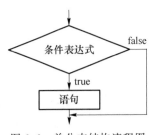

图 2.2　单分支结构流程图

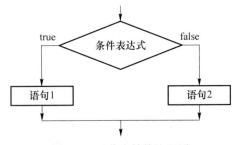

图 2.3　双分支结构流程图

注意:这里的语句 1 和语句 2 都可以是语句块。

3．if…else if 语句(多分支结构)

当一个问题有多种可能的条件,针对每种条件需要分别处理,执行不同语句时,采用 if…else if 多分支语句。

(1) 语句格式

```
if(表达式 1)
{
    语句 1;
}
else if(表达式 2)
{
    语句 2;
}
…
else if(表达式 n)
{
    语句 n;
}
else
{
    语句 n+1;
}
```

注意:这里的语句 1 到语句 $n+1$ 都可以是多条语句。

(2) 语义

对于一次条件判断,只能有一个分支被执行,不能同时被执行。首先,计算表达式 1,如果为真,执行语句块 1,否则计算表达式 2,如果为真,执行语句块 2,否则计算表达式 3,如果为真,执行语句块 3,依此类推,直至计算表达式 n,如果为真,执行语句块 n,如果为假,此时如果有语句块 $n+1$,则执行,否则,执行 if…else if 语句的下一条语句。其执行过程如图 2.4 所示。

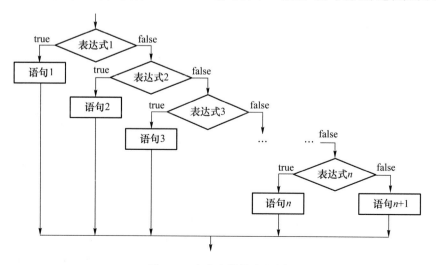

图 2.4　多分支结构流程图

（3）示例

```
void setup()  {
}
void loop()  {
int score = 75;                          //成绩
char grade;                              //等级
if(score>=90&&score<=100)                //判断成绩是否为90～100分
grade='A';                               //成绩为90～100分,等级为A
else if (score>=80)                      //判断成绩是否为80～89分
grade='B';                               //成绩为80～89分,等级为B
else if(score>=70)                       //判断成绩是否为70～79分
grade='C';                               //成绩为70～79分,等级为C
else if(score>=60)                       //判断成绩是否为60～69分
grade='D';                               //成绩为60～69分,等级为D
else                                     //成绩小于60分
grade='E';                               //成绩小于60分,等级为E
}
```

2.5.2　switch…case 语句

应用条件语句可以很方便地使程序实现分支,在分支比较多的时候,虽然可以用 if 语句多分支结构来解决,但是程序结构会显得很复杂,甚至很凌乱。为方便实现多情况选择,可采用 switch…case 语句。

（1）语句格式

```
switch(表达式)
    {
    case 常量表达式 1:
            语句 1;
            break;
    case 常量表达式 2:
            语句 2;
            break;
            …
    case 常量表达式 n:
            语句 n;
            break;
        default:
            语句 n+1;
    }
```

（2）语义

计算表达式的值,并逐个与其后的常量表达式值进行比较,当表达式的值与某个常量表达式的值相等时,即执行其后的语句,不再进行判断。若表达式的值与所有 case 后的常量表达式均不相同,则执行 default 后的语句。需要注意的是,switch 后表达式的运算结果只能是整型或字符型,如果使用其他类型,则必须使用 if 语句。其执行过程如图 2.5 所示。

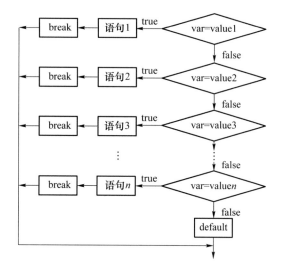

图 2.5　switch…case 语句执行流程图

在实际使用 switch 语句时,通常要求当执行完某个 case 后的一组语句序列后,就结束整个语句的执行,而不让它继续执行下一个 case 后的语句,为此,可使用 break 语句来实现,从而跳出 switch 语句。break 语句只有保留字 break,没有参数。

在使用 switch 语句时,还应注意以下几点。

① case 语句后各常量表达式的值不能相同,否则会出现错误码。

② 每个 case 或 default 后,可以包含多条语句,不需要使用"{"和"}"括起来。

③ 各 case 子句的先后顺序可以变动,这不会影响程序执行结果。

④ default 子句可以省略,default 后面的语句末尾可以不必写 break。

书写 switch 语句时,switch(表达式)单独占一行,各 case 分支和 default 分支要缩进两格并对齐,分支处理语句要相对再缩进两格,以体现不同层次的结构。

(3) 示例

```
switch(a)
{
  case 1:x++;break;      //若 a==1,x=x+1
  case 2:y++;break;      //若 a==2,y=y+1
  case 3:z++;break;      //若 a==3,z=z+1
}
```

2.5.3　循环结构

循环结构又称作重复结构,即反复执行某一部分的操作。有 3 种基本的循环结构语句:for 循环语句、while 循环语句和 do…while 循环语句。

1. for 循环语句

语句格式:

```
for(<初始化表达式 1>;<条件表达式 2>;<增量表达式 3>)
    循环体语句;
```

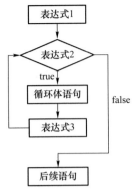

图 2.6   for 循环流程图

说明:初始化表达式总是一个赋值语句,它用来给循环控制变量赋初值;条件表达式是一个关系表达式,它决定什么时候退出循环;增量表达式定义循环控制变量每循环一次后按什么方式变化。循环体语句是 for 循环语句的循环体,它将在满足条件的情况下被重复执行。

循环体语句可以是单行语句,也可以是由多个语句构成的。当是多个语句时,应用一对花括号括起来,构成一个语句块的形式。其流程如图 2.6 所示。

例如,用 for 循环求 $1+2+\cdots+100$ 的和。

```
int sum = 0,i;
for(i = 1;i < = 100;i + + )
sum = sum + i;        //求 1 + 2 + … + 100 的和
```

2. while 循环语句

语句格式:

```
while(条件)
    语句;
```

while 循环表示当圆括号内的条件为真时,便执行语句,直到条件为假才结束循环,并继续执行循环程序外的后续语句。循环体的语句可以是单行语句,也可以一个语句块的形式。其流程如图 2.7 所示。

例如,用 while 循环求 $1+2+\cdots+100$ 的和。

```
int sum = 0,i = 0;
while( + + i < = 100)
sum + = i;            //求 1 + 2 + … + 100 的和
```

3. do…while 循环语句

语句格式:

```
do
    语句块;
while(条件);
```

其与 while 循环的不同之处在于:它先执行循环中的语句,再判断条件是否为真,如果为真则继续循环;如果为假,则终止循环。因此,do…while 循环至少要执行一次循环语句。同样,当有许多语句参加循环时,要用花括号把它们括起来。其流程如图 2.8 所示。

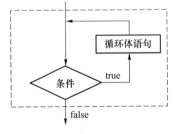

图 2.7   while 循环流程图

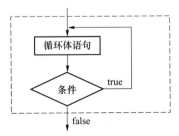

图 2.8   do…while 循环流程图

例如,用 do…while 循环求 $1+2+\cdots+100$ 的和。

```
int sum = 0;i = 1;
do
    sum += i;              //求 1 + 2 + … + 100 的和
while( ++ i < = 100);
```

例如,利用 while 循环求 $\sum_{i=1}^{100} i$,以及 $1\sim100$ 中所有奇数的和、所有偶数的和。

```
int i = 1;
int  sum_all = 0;  int  sum_odd = 0;   int  sum_even = 0;
void setup() {
Serial. begin(9600);                //这里用到了串口监视器,需要定义波特率
while(i < = 100) {
sum_all += i;                       //求所有数之和
if(i % 2 == 0)                      //判断是否为偶数
sum_even += i;                      //求偶数之和
else                               //i 为奇数
sum_odd += i;                       //求奇数之和
i += 1;                            //控制变量 i 的取值
}
Serial. print("1 + 2 + … + 100 = ");   //串口监视器显示字符串 1 + 2 + … + 100 =
Serial. println(sum_all);           //串口监视器显示总和,并换行
Serial. print("1 + 3 + … + 99 = ");    //串口监视器显示字符串 1 + 3 + … + 99 =
Serial. println(sum_odd);           //串口监视器显示奇数之和,并换行
Serial. print("2 + 4 + … + 100 = ");   //串口监视器显示字符串 2 + 4 + … + 100 =
Serial. println(sum_even);          //串口监视器显示偶数之和,并换行
}
void loop() {
}
```

在串口监视器中,结果显示如下:

```
1 + 2 + … + 100 = 5050
1 + 3 + … + 99 = 2500
2 + 4 + … + 100 = 2550
```

补充:关于串口监视器的使用,3.4 节中有详细的阐述。

2.6　C++语言中的类和对象

类是面向对象编程中才会有的概念,用于描述某类事物的属性和特征,而对象则是类的一个实例。例如,如果将"学生"作为类,那么"小明"就是这个类的对象;如果将"动物"作为类,那么"狗"就是这个类的对象。

给类下定义的时候,便会把一些特征打包进来。在程序中,它可以是变量,也可以是函数。当把类实例化时,生成的对象都会包含这些特征。类是为了模块化、提高效率而产生的。

C++语言与 C 语言最大的区别就是引入了面向对象机制,该机制的引入实现了软件工程中的重用性、灵活性和扩展性目标。C++语言知识体系庞大,本节只介绍在后续学习中会用到的知识,即类和对象。

2.6.1　类

类是 C++语言中的一种类型,即类类型,它常被称为抽象数据类型。抽象数据类型将数据(成员变量)和作用于数据的操作(成员函数)视为一个单元。

1. 类的语法

```
class 类名
    {
      public:
      公用成员变量;
      公用成员函数;
      private:
      私有成员变量;
      私有成员函数;
    };
```

说明:

① 开头需要写上关键字 class。

② 给类取一个名字。类的名称一般首字母要大写,这样可以和其他数据类型区分开来。像之前提到的 String 类型其实就是程序中定义好的类。所以与 int、float、boolean 这些基本数据类型不同,首字母用了大写。除了这点之外,它与一般的变量名、函数名的命名规则是一致的,尽量简洁易懂,并且不要与已有的函数名、变量名重复。

③ 花括号里面就是类的常见组成部分:成员变量、构造函数、成员函数。

- 成员变量:作为类中的变量,用于存放数据。
- 构造函数:用于初始化对象。
- 成员函数:作为类中的函数,实现特定功能。

④ 花括号后必须跟一个分号。

⑤ 在类类型的主体中,还有 public 和 private 关键字。它们是类的访问标号,用来控制类的成员在类外是否可以访问。使用 private 标识的成员不可以在类外被访问,它们通常是成员变量;使用 public 标识的成员可以在类外被访问,它们通常是成员函数。如果在类的定义中既不指定 public,也不指定 private,则系统默认为是 private。

2. 示例

下面是 Arduino 官方 Stepper(步进电机)库中的一段 C++代码。

```
class Stepper {
public:
//构造函数
Stepper(int number_of_steps,int motor_pin_1,int motor_pin_2);
Stepper(int number_of_steps,int motor_pin_1,int motor_pin_2,int motor_pin_3,int motor_pin_4);
    //公用的成员函数和成员变量
```

```
        void setspeed(long whatSpeed)        //mover method;
        void step(int number_of_steps);
        int version(void);
        private:
        //以下是私有的成员函数和成员变量
        void StepMotor(int this_step);
        int direction;                       //Direction of rotation
        int speed;                           //Speed in RPMS
        unsigned long step delay;            //delay between steps,in ms,based on spes
        int number_of_steps;                 //total number of steps this motor can tab
        int pin_count;                       //whether you're driving the motor with 2 or 4 pin
        int step number;                     //which step the motor is on
        //motor pin numbers
        int motor_pin_1;
        int motor_pin_2;
        int motor_pin_3;
        int motor_pin_4;
        long last_step_time;                 //time stamp in ms of when the last step was taken
    };
```

这段代码定义了一个 Stepper 类。其中,class 是用来定义类类型的关键字,Stepper 是类的名称,类的主体位于花括号之内。在定义完类后,花括号后面会必须跟一个分号。类中定义了私有的成员变量、成员函数,公用的成员变量、成员函数和构造函数。

3. 构造函数

构造函数是特殊的成员函数,可以对类进行初始化操作,但它又区别于一般的成员函数。

① 函数名与类名必须相同,不能任意命名。

② 没有返回值,因此也不需要在定义构造函数时指定类型,且定义为公用函数。

③ 在一个类中,可以定义多个构造函数,这些构造函数的名字相同,参数的个数或类型不同,这也称为构造函数的重载,实参决定调用哪个构造函数。

例如,前面示例中的两个构造函数的函数名相同,但参数不同,参数的个数也不同。

```
Stepper(int number_of_steps,int motor_pin_1,int motor_pin_2);
Stepper(int number_of_steps,int motor_pin_1,int motor_pin_2,int motor_pin_3,int motor_pin_4);
```

构造函数语法如下:

```
构造函数名(类型1  形参1,类型2  形参2,…);
```

2.6.2　对象

对象是类的一个实例,对象定义语句如下:

```
类的名称  对象名;
```

例如:

```
Stepper mystepper;     //Stepper 是类名(步进电机),mystepper 是对象名
```

　　带参构造函数的实参需要在定义对象时给出。有时需要对不同的对象赋予不同的初始值,可以采用带参数的构造函数,在调用不同对象的构造函数时,将不同的数据传递给构造函数,以实现不同的初始化。

　　初始化对象语句如下:

```
类的名称　对象名(实参 1,实参 2,…);
```

　　例如:

```
Stepper mystepper(steps,8,10,9,11);//因为实参有 5 个,所以调用的是第 2 个构造函数
```

2.7　库 函 数

　　库的实质就是将多个函数打包到一个文件中。其他的程序可以通过加载这个库文件使用其中的函数。Arduino 官方提供了多个类型的标准库,也可以使用第三方库或者创建自己的库。库可以直接从 Arduino IDE 的"项目"→"添加库"菜单中查找,也可以在 Arduino 安装目录下的 libraries 文件中查看。

1. Arduino 官方库

Arduino 官方提供了以下标准库。

- EEPROM:EEPROM 读写程序库。
- Ethernet:以太网控制器程序库。
- Firmata:与主机之间通过串口协议进行通信的程序库。
- LiquidCrystal:LCD 控制程序库。
- Servo:舵机控制程序库。
- SPI:使用 SPI 总线通信的程序库。
- SoftwareSerial:任何数字 I/O 口模拟串口程序库。
- Stepper:步进电机控制程序库。
- Wire:TWI/IIC 总线程序库。
- Robot_Control:机器人控制程序库。
- Robot_Motor:机器人电机控制程序库。

2. 使用第三方库和创建自己的库

　　除了可以直接使用 Arduino 提供的标准库之外,还可以使用第三方库。应该把第三方库文件夹复制粘贴在 Arduino 安装目录下的 libraries 文件夹中,这样在使用该库时才不会出错。

3. 常见的编译错误提示

　　(1) expected initializer before 'void'

　　在 void 前面,定义变量的初始化位置出错,如缺少分号(;)。

　　(2) stray '357' in program

　　程序中有游离的'\357',说明程序中使用了中文标点符号。根据错误提示,找到标点错误的位置,把中文标点符号换成英文标点符号就可以了。例如,分号";"误为";"。

复 习 题

1. 在 Arduino 程序中,以下标识符合法的是＿＿＿＿＿＿＿。
   A. 3_C　　　　　B. 3C　　　　　C. str　　　　　D. C-3

2. 在表达式中可以使用＿＿＿＿＿＿＿控制运算的优先顺序。
   A. 圆括号()　　　B. 方括号[]　　　C. 花括号{}　　　D. 角括号<>

3. 将数学关系式 $2 < x \leq 10$ 表示成正确的表达式为＿＿＿＿＿＿＿。
   A. 2<x & x<=10　　　　　　　　　B. 2<x || x<=10
   C. 2<x && x<=10　　　　　　　　D. x>2 or x<=10

4. 已知 $x = 3, y = 4$,复合赋值语句"x * =y+5"执行后 x 变量中的值是＿＿＿＿＿＿＿。
   A. 17　　　　　　B. 16　　　　　C. 19　　　　　D. 27

5. 在 Arduino 程序中,有一些预定义常量,以下不是常量值的是＿＿＿＿＿＿＿。
   A. HIGH　　　　B. TRUE　　　　C. INPUT　　　　D. OUTPUT

6. 已知 $x = 2, y = 5$,语句"z=x && y"执行后变量 z 中的值是＿＿＿＿＿＿＿。
   A. 1　　　　　　B. 2　　　　　　C. 5　　　　　　D. 10

7. 下列赋值语句语法正确的是＿＿＿＿＿＿＿。
   A. int x=y=8;　　　　　　　　　B. int x=8;y=8;
   C. int x=8;int y=8;　　　　　　D. int x=8　int y=8;

8. 二维数组赋初始值的语句为 int a[2][3]={{0,1,2},{3,4,5}},则 a[1][1]＝＿＿＿＿＿＿＿。
   A. 0　　　　　　B. 1　　　　　　C. 3　　　　　　D. 4

9. 在整型变量 x 中存放了一个两位数,如果要将该两位数的个位数字和十位数交换位置,例如将 24 变成 42,则以下 Arduino 表达式正确的是＿＿＿＿＿＿＿。
   A. (x%10) * 10+x/10　　　　　　B. (x%10)/10+x/10
   C. (x/10)%10+x/10　　　　　　D. (x%10) * 10+x%10

10. 在 Arduino 语言中,下列运算符优先级最高的是＿＿＿＿＿＿＿。
    A. %　　　　　　B. !　　　　　　C. >>　　　　　D. ==

11. 在 Arduino 语言所使用的数据类型中,＿＿＿＿＿＿＿数据类型只有 true 和 false 两种结果值。
    A. boolean　　　B. int　　　　　C. byte　　　　　D. long

12. 用 if 语句表示分段函数 $f(x)$,下面的程序不正确的是＿＿＿＿＿＿＿。

$$f(x) = \begin{cases} 2x+1, & x \geq 1 \\ 3x/(x-1), & x < 1 \end{cases}$$

   A. if(x>=1)　f=2 * x+1;　　　　　B. if (x>=1)　f=2 * x+1;
   　　f=3 * x/(x-1);　　　　　　　　if (x<1)　f=3 * x/(x-1);
   C. f=2 * x+1;　　　　　　　　　　D. if (x<1)　f=3 * x/(x-1);
   　　if (x<1)　f=3 * x/(x-1);　　　　else　f=2 * x+1;

13. 在 Arduino 程序中,程序的语句以＿＿＿＿＿＿＿结束。

14. Arduino 表达式 10&3 的值为＿＿＿＿＿＿＿。

15. Arduino 表达式 10<<3 的值为_____。

16. Arduino 表达式 3>2&&5>7 的值为_____。

17. _____表示为单行注释,从这个符号开始到本行结束的内容都为注释。以_____开头、以_____结尾为多行注释,之间的内容就是注释内容。

18. 编写程序,用 while 循环语句实现计算 $1+1/2+1/3+\dots+1/100$ 之和,在串口监视器中显示结果。

19. 编写程序,用 for 循环语句实现计算 $1+3+5+\dots+99$ 之和,在串口监视器中显示结果。

20. 编写程序,用循环语句实现计算 10!,在串口监视器中显示结果。

第 2 篇
Arduino 元器件及其应用

第 3 章 Arduino 基础

3.1 Arduino 控制板及其应用

以 Arduino Uno 控制板为例,其上有很多的引脚和接口,如图 3.1 所示。

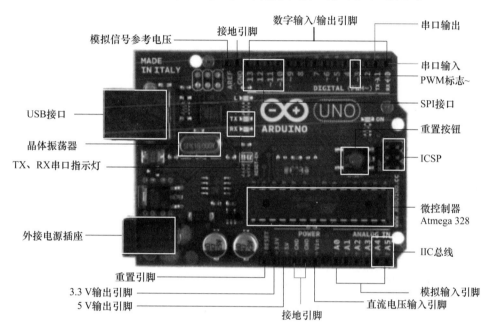

图 3.1 Arduino Uno 控制板

3.1.1 数字引脚和模拟引脚

1. 数字引脚(DIGITAL)

数字引脚是标记为 0~13 的一排 DIGITAL 插孔。这类引脚的电平只有高电平和低电平两种状态。高、低电平是通过一个参考电压(AREF)确定的,高于 AREF 的电平即被认为是高电平,低于 AREF 的电平被认为是低电平。Arduino 默认的参考电压大约为 1.1 V,可以通过 AREF 端口设置外部参考电压。

数字引脚既可以输入,也可以输出,因此数字引脚也叫作数字 I/O 口。每个数字 I/O 口可提供最高 40 mA 的电流和 5 V 的电压,这足以点亮一个 LED,但不足以驱动电动机。

(1) 数字 I/O 口输入输出模式定义函数

语法如下:

```
pinMode(pin,mode);
```

pin 参数的取值范围为 0～13,mode 参数可以选择 INPUT(输入)、INPUT_PULLUP(带上拉电阻输入)和 OUTPUT(输出)3 种不同的模式。

例如:

```
pinMode(2,INPUT);              //设置数字引脚 2 为输入模式
pinMode(3,INPUT_PULLUP);       //设置数字引脚 3 为带上拉电阻输入模式
pinMode(13,OUTPUT);            //设置数字引脚 13 为输出模式
```

(2) 读数字引脚函数

语法如下:

```
digitalRead(pin);
```

pin 参数的取值范围为 0～13,该函数返回值为 int 型,结果为 HIGH(高电平)或 LOW(低电平)。

例如:

```
pinMode(2,INPUT);              //设置数字引脚 2 为输入模式
int val = digitalRead(2);      //读取数字引脚 2 的输入值赋给变量 val
```

(3) 写数字引脚函数

语法如下:

```
digitalWrite(pin,value);
```

pin 参数的取值范围为 0～13,value 表示为 HIGH(高电平)或 LOW(低电平)。

例如:

```
pinMode(13,OUTPUT);           //设置数字引脚 13 为输出模式
digitalWrite(13,HIGH);        //数字引脚 13 的输出为 HIGH(高电平)
```

注意:在使用读或写数字引脚函数之前,需要先用 pinMode()函数进行数字 I/O 口输入/输出模式定义。

2. PWM 引脚

PWM 引脚是数字引脚中标有"～"记号的插孔,即数字引脚 3、5、6、9、10 和 11。这些引脚能够输出有变化的电压信号,可以调节发光二极管的亮度、控制电机的转速和舵机转动角度等。

```
analogWrite(pin,value);  //模拟输出函数
```

pin 取值为 3、5、6、9、10、11,value 为 0～255 之间的整数。

3. 模拟引脚(ANALOG IN)

模拟引脚是位于控制板底边右侧的一排插孔 A0～A5。模拟引脚内置 10 位 A/D(模/数)转换器,它可以把 0～5 V 连续变化的电压信号转换成 0～1 023 的整数值,读取精度为 $5\text{ V}/2^{10}$ 个单位,即 5 V/1 024,每个单位约等于 0.004 9 V(4.9 mV)。模拟引脚只能模拟输入,不能模拟输出,可接入温度传感器、灰度传感器等,读取连续变化的待测值信息。输入范围和精度可以通过 analogReference()进行修改,利用 AREF(Analog Reference,模拟信号参考电压)引脚进行访问。

```
int analogRead(pin);　//读模拟输入引脚函数
```

pin 表示为 A0～A5,该函数返回值为 int 型,结果为 0～1 023 范围内的某个值。

补充:模拟引脚也可以作为数字引脚使用,这时 A0～A5 分别对应数字引脚的 14～19。

3.1.2　输入和输出接口

相关引脚组合在一起构成了输入和输出接口。

1. 串行接口

串行接口由数字引脚 0(RX)和 1(TX)组成,TX 表示 Arduino 发送指令信息给接收端,RX 表示 Arduino 接收来自发送端的指令信息。

2. USB 接口

USB 接口主要用于连接计算机,从 IDE 中下载和调试程序。下载程序时,Arduino 控制板上的 TX 和 RX 指示灯会不停地闪烁。

3. IIC 接口

IIC 是双向的两线制总线,由数据线 SDA 和时钟线 SCL 构成,这两条通信线路对应 Arduino 控制板上的 A4 和 A5 两个模拟引脚。IIC 接口主要用于多块 Arduino 控制板之间的连接和外部模块的通信。

4. SPI

SPI 的英文全称是 Serial Peripheral Interface,即串行外围设备接口。它一般由 4 根线组成,该接口的 4 根线包括低电平有效的从机选择线(SS)、主机输出/从机输入数据线(MOSI)、主机输入/从机输出数据线(MISO)和串行时钟线(SCK),分别对应 Arduino 控制板上的引脚 10、引脚 11、引脚 12 和引脚 13。SPI 可以使主机与各种外围设备以串行方式进行通信,以交换信息。SPI 总线可直接与多种标准外围器件相连,包括 FLASHRAM、网络控制器、LCD 驱动器、A/D 转换器和 MCU 等。

5. ICSP 接口

ICSP 的英文全称是 In-Circuit Serial Programming,即在线串行编程。它在 Arduino 控制板上为一个 2×3 的排针端子,其 6 根排针与 Arduino 控制板上的微控制器相连接,分别对应 5V、MISO、MOSI、SCK、GND 和 RESET,其中 MISO、MOSI、SCK 为 Arduino SPI。ICSP 是烧写器利用串行接口给单片机烧写程序用的,但是 Arduino Uno R3 上增加了 Atmega 16U2 作为串口转 USB 接口的转换器,所以通过 USB 接口利用串口通信写程序更加方便,而 ICSP 接口就很少被用到了。

3.1.3　外部供电接口

① 外接电源接口:左侧的圆形插孔,用于给主板供电,其电压范围是 7～12 V。

② 供电引脚:位于主板底边左侧的一排插孔,用于给外部器件供电,有 5 V 和 3.3 V 两种电压输出方式。

③ GND:表示电压接地。

④ Vin:是有外部电源时的输入端口,用于给主板供电,要求其有非常稳定的 5 V 电压输入,否则非常容易损坏主板。

注意:在熟悉主板之前,建议不要用 Vin 供电,因为该引脚没有过电压保护,易烧坏主板。

可用左侧的圆形插孔为主板供电。

3.1.4　系统函数

为了更好地使用 Arduino 进行控制操作,除了前面提到的 I/O 控制函数,还需要对 Arduino 提供的库函数、时间函数、I/O 扩展函数、数学函数、随机数函数、中断函数等有一个全面的认识。

1. 常用的库函数

常用的库函数如表 3.1 所示。

表 3.1　常用的库函数

函数名	格　式	功能说明	例　子
绝对值函数	abs(x)	求一个数的绝对值	abs(-3)$=3$
最小值函数	min(x)	求一个数的最小值	min(5,9)$=5$
最大值函数	max(x)	求一个数的最大值	max(5,9)$=9$
正弦函数	sin(rad)	求一个弧度的正弦值	sin(pi)$=0$
余弦函数	cos(rad)	求一个弧度的余弦值	cos(pi)$=-1$
正切函数	tan(rad)	求一个弧度的正切值	tan(pi/4)$=1$
指数函数	pow(x,y)	计算 x^y,结果为双精度实数	pow(2,3)$=8$
平方根函数	sqrt(x)	求一个数的平方根	sqrt(16)$=4$

2. 时间函数

(1) unsigned long millis()

其为返回时间函数(单位为 ms)。该函数的作用是,程序运行就开始计时并返回记录的参数,该参数溢出大概需要 50 天时间。

(2) delay(ms)

其为延时函数(单位为 ms),它的作用是使上一步的状态持续一定的时间。

例如:

```
delay(1000);  //延迟 1000 ms
```

(3) delayMicroseconds(μs)

其为延时函数(单位为 μs),它的作用是使上一步的状态持续一定的时间。

例如:

```
delayMicroseconds(500);  //延迟 500 μs
```

3. I/O 扩展函数

(1) shiftOut(dataPin,clockPin,bitOrder,value)

其为 SPI 外部 I/O 扩展函数,通常使用带 SPI 的 74HC595 做 8 个 I/O 扩展,dataPin 为数据端口,clockPin 为时钟端口,bitOrder 为数据传输形式(MSBFIRST 高位在前,LSBFIRST低位在前),value 表示所要传送的数据(0~255),另外还需要一个 I/O 口进行 74HC595 的使能控制。

（2）unsigned long pulseIn(pin,value)

其为脉冲长度记录函数，返回时间参数（单位为 μs），pin 为 $0 \sim 13$，value 为 HIGH 或 LOW。例如，value 为 HIGH，那么当 pin 输入为高电平时，开始计时，当 pin 输入为低电平时，停止计时，返回该时间。

4. 数学函数

（1）constrain(x,a,b)

其为约束函数，下限 a，上限 b，x 必须在 a、b 之间才能返回。

（2）map(value,fromLow,fromHigh,toLow,toHigh)

其为映射函数，value 是 fromLow 和 fromHigh 之间的值，函数结果返回映射值，映射值的范围是从 toLow 到 toHigh 的区间，是线性映射。

（3）pow(base,exponent)

其为开方函数，即 base 的 exponent 次方。

5. 随机数函数

要生成随机数，可以使用 Arduino 随机数函数。Arduino 随机数函数有两个：randomSeed(seed)和 random()。

（1）randomSeed(seed)

其为初始化 Arduino 随机数生成器，该函数在 setup()中定义，seed 为随机数的种子。例如，可以使用函数 analogRead(pin)读取悬空的模拟引脚 pin，作为随机数的种子。

例如：

```
randomSeed(analogRead(A5));
```

（2）random()

① long random(max)

其为随机数函数，返回的数据为大于等于 0、小于 max 的长整型。

② long random(min,max)

其为随机数函数，返回的数据大于等于 min、小于 max。

6. 外部中断及中断函数

在不同型号的 Arduino 控制板上，中断引脚的位置不相同，只有中断信号输入带有外部中断功能的引脚上，Arduino 才能做出中断响应。表 3.2 列举了常见 Arduino 控制板的中断引脚所对应的外部中断编号。

表 3.2　常见 Arduino 控制板的外部中断号与对应引脚号

Arduino 型号	外部中断号（整数型）					
	0	1	2	3	4	5
Uno	2	3	—	—	—	—
Mega	2	3	21	20	19	18
Leonardo	3	2	—	1	—	—

以 Uno 为例，其有两个外部中断，编号为 0 和 1，它们分别对应数字引脚 2 和数字引脚 3。当开启外部中断功能时，需要使用 attachInterrupt()函数；当关闭外部中断时，需要使用

detachInterrupt()函数。

（1）attachInterrupt(interrupt,function,mode)

其为中断引脚初始化配置函数,该函数需要在 setup()中进行初始化。

变量说明如下。

① interrupt 表示中断编号。

② function 表示调用一个函数。

③ mode 为中断触发模式,共 4 种类型:LOW、CHANGE、RISING、FALLING。

- LOW:低电平,中断触发。
- CHANGE:有变化时,中断触发。
- RISING:上升沿,中断触发。
- FALLING:下降沿,中断触发。

（2）detachInterrupt(interrupt)

其为中断关闭函数,变量 interrupt 为中断编号。

3.2　电子元器件

3.2.1　实验电路板

实验电路板(俗称面包板)的主要作用是连接各种电子元器件,由于实验电路板无须焊接就可以轻松实现元器件之间的连接,节省了电路的连接时间,因此非常适合学习测试之用。一种典型的实验电路板如图 3.2 所示。

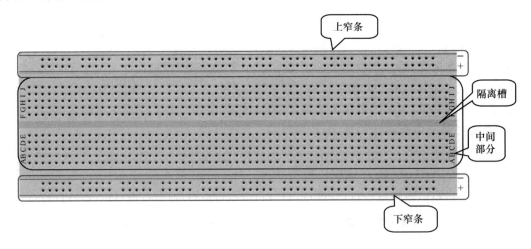

图 3.2　实验电路板

实验电路板的结构分为上、中、下 3 部分。上下两部分是由两行插孔构成的窄条,上下两部分的针孔结构与中间部分的结构不同,其中正极(＋)和负极(－)中的所有孔都是导通的,但正负极两行之间不导通。中间部分是由一条隔离槽和上下各 5 行插孔构成的。中间部分的每一列 5 个孔都导通,但列与列之间不导通,上下两列之间也不导通。使用时绿色点的部分是导通的,如图 3.3 所示。

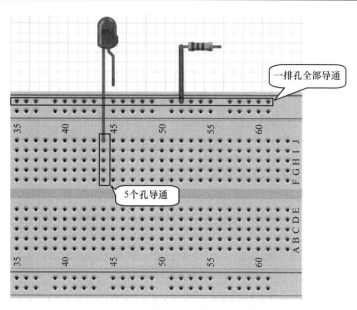

图 3.3　实验电路板连通孔

3.2.2　导线

1. 跳线

跳线如图 3.4 所示,是两端成针状的金属导线,可配合实验电路板,连接实验电路,传递信号。

2. 杜邦线

杜邦线(图 3.5)是美国杜邦公司生产的有特殊作用的缝纫线,可用于扩展实验电路板的引脚、增加实验项目等。它可以非常牢固地和插针连接,无需焊接,快速进行电路试验;可以撕开变成单根,也可以一起使用。杜邦线有公对公(两头均为针)、母对母(两头均为孔)、公对母(一头为针,一头为孔)3 种类型,可根据需要进行选择。

图 3.4　跳线

图 3.5　杜邦线

3.2.3　电阻

当前,可以使用的电阻种类有很多,如固定电阻、可变电阻、光敏电阻等。本节主要介绍的是固定电阻。

固定电阻就是一个有固定值的电阻,它的阻值在相同的环境下是固定的(当然会有一定的误差范围),如图 3.6 所示。

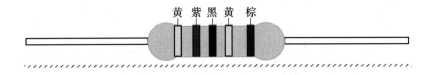

黄　紫　黑　黄　棕

图 3.6　五色环电阻

电阻阻值的大小通常有两种表示方式:数字标记和色环标记。在电路设计的过程中通常使用的是轴心引线电阻,也就是图 3.6 所示的电阻。这种电阻更加容易在实验电路板上进行拆装,通过 4 条或者 5 条色环来表示阻值,阻值的单位是 Ω(欧姆)。电阻色环颜色对应的阻值如表 3.3 所示。

五色环标记形式中的前 3 条色环表示阻值的前 3 位数,第 4 条色环表示乘数因子,第 5 条色环表示误差。

表 3.3　电阻色环对应的阻值

颜　色	数　字	乘数因子	误　差
黑色	0	1	—
棕色	1	10	1%
红色	2	100	2%
橙色	3	1 000	—
黄色	4	10 000	—
绿色	5	100 000	0.5%
蓝色	6	1 000 000	0.25%
紫色	7	10 000 000	0.1%
灰色	8	100 000 000	—
白色	9	1 000 000 000	—
金			5%
银			10%

根据以上规则就可以读出图 3.6 所示电阻的阻值。颜色分别为黄、紫、黑、黄、棕,根据图中的色环颜色可以得出如下算式:

$$470(黄、紫、黑)×10\ 000(黄)=4\ 700\ kΩ$$

误差为 1%(棕)。

四色环标记形式中的前两条色环表示阻值的前两位数,第 3 条色环表示乘数因子,第 4 条色环表示误差。

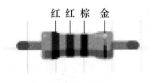

红　红　棕　金

图 3.7　四色环电阻

根据以上规则就可以读出图 3.7 所示电阻的阻值。颜色分别为红、红、棕、金,根据图中的色环颜色可以得出如下算式:

$$22(红、红)×10(棕)=220\ Ω$$

误差为 5%(金)。

3.2.4　发光二极管

发光二极管(Light Emitting Diode,LED)是一种将电能转换为光能的电子元件,具有二极管的特性。LED 在近几年迅速发展起来,如常见的 LED 装饰灯、LED 广告牌、LED 白光照明以及 LED 交通信号灯等。当然并不是所有的 LED 都会发出可见光,如红外线 LED。平时所说的发光二极管指的是发可见光的二极管。

图 3.8　LED

LED 如图 3.8 所示。它有一长一短两个引脚,长引脚为正极,短引脚为负极。LED 的核心部分是由 P 型半导体(空穴为主要载流子)和 N 型半导体(电子为主要载流子)组成的晶片,在 P 型半导体和 N 型半导体之间有一个过渡层,称为 P-N 结。在 LED 两端加上正向电压时,在 PN 结中的空穴与电子复合,电子把多余的能量以光的形式释放出来,从而把电能直接转换为光能。

红色发光二极管的工作电压是 2 V,工作电流一般为 20 mA。由于 Arduino 控制板提供的是 5 V 电压和 40 mA 电流,因此需要一个电阻来减小通过 LED 的电流和电压。这个电阻的阻值可以通过下面的公式来计算:

$$R=(V_{\text{S}}-V_{\text{L}})/I$$

其中,R 表示需要串联的电阻值;V_{S} 表示电源电压;V_{L} 表示 LED 的额定电压;I 表示 LED 的额定电流。那么,将前面各参数代入上面的公式中,得到串联的电阻值为

$$R=(5-2)/0.02=150\ \Omega$$

因此串联的电阻至少为 150 Ω。

3.3　模拟信号与 I/O 口的使用

3.3.1　模拟信号及其输入

生活中接触到的大多数信号都是模拟信号,如声音和温度的变化等。如图 3.9 所示,模拟信号是用连续变化的物理量来表示信息的,信号随时间连续变化,在 Arduino 中,常用 0~5 V 的电压来表示模拟信号。

图 3.9　模拟信号

在 Arduino 控制板中,编号前带有"A"的引脚是模拟输入引脚,Arduino 可以读取这些引脚上输入的模拟值,即读取引脚上输入的电压大小。

模拟输入引脚是带有模/数转换(Analog to Digital Conversion,ADC)功能的引脚。它将

外部输入的模拟信号转换为芯片运算时可以识别的数字信号,从而实现读取模拟值的功能。

使用 AVR 单片机的 Arduino 模拟输入功能有 10 位精度,即可以将 0~5 V 的电压转换为 0~1 023 的整数形式表示。

模拟输入功能需要使用 analogRead()函数,该函数的使用详见 3.1 节。

3.3.2　模拟输出与 PWM 脉宽调制

与模拟输入功能对应的是模拟输出功能,要使用 analogWrite()函数来实现模拟输出功能。但该函数并不输出真正意义上的模拟值,而是以一种特殊的方式来达到输出模拟值的效果,这种方式叫作脉冲宽度调制(Pulse Width Modulation,PWM)。

PWM 信号是一种方波信号,它实质上仍是数字信号,PWM 是使用数字手段来实现模拟输出的一种技术。PWM 通过改变占空比,从而达到调节电压、电流或者功率等参数的目的。所谓占空比即高电平在整个固定周期内所占时间的比例。

在 Arduino 程序中调用 analogWrite(pin,value)函数后,在引脚 pin 端口将产生一个指定占空比(value/255)的稳定方波,Arduino 的 PWM 带有 8 位精度的 DAC 功能,换算成数字量是 0~255,对应方波的平均电压 0~5 V。只有主板上标有 PWM(~)的引脚才能使用这个功能,否则此函数模拟写无效。Arduino Uno 的 PWM 引脚是 3、5、6、9、10、11。analogWrite()函数的使用详见 3.1 节。在调用 analogWrite()之前,不需要设置引脚模式,即不需要调用 pinMode()函数。

图 3.10 所示为 PWM 信号,例如,"analogWrite(9,value);"。

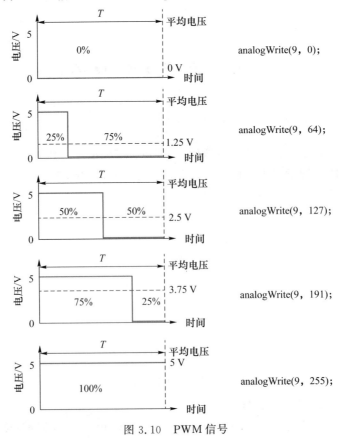

图 3.10　PWM 信号

- 当 value＝0 时，占空比为 0％，引脚 9 输出的直流电压为 5 V×0％，即 0 V。
- 当 value＝64 时，占空比为 25％，引脚 9 输出的直流电压为 5 V×25％，即 1.25 V。
- 当 value＝127 时，占空比为 50％，引脚 9 输出的直流电压为 5 V×50％，即 2.5 V。
- 当 value＝191 时，占空比为 75％，引脚 9 输出的直流电压为 5 V×75％，即 3.75 V。
- 当 value＝255 时，占空比为 100％，引脚 9 输出的直流电压为 5 V×100％，即 5 V。

需要注意的是，这里仅仅得到了近似模拟值输出的效果，如果要输出真正的模拟值，还需要加上外围滤波电路。

【例 3.1】　PWM 调节 LED 的亮度

电路设计如图 3.11 所示。实验的具体过程请扫描二维码。

例 3.1 的实验过程

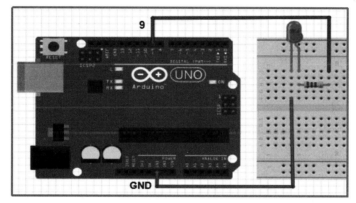

图 3.11　例 3.1 的电路原理图

程序如下：

```
int LED = 9;                        //LED 引脚定义,这里需要使用有 PWM 功能的引脚
int brightness = 0;                 //定义 LED 亮度,赋值为 0
int fadeAmount = 5;                 //调节的单步间隔
//初始化
void setup()
{
pinMode(LED,OUTPUT);                //LED 引脚定义为输出,此句可省略
}
void loop() {
    analogWrite(LED,brightness);    //设置 LED 引脚的输出值为 brightness,调节 LED 的亮度
    brightness = brightness + fadeAmount; //调节下一个循环 LED 的亮度
      //到最大值后反向调节
    if(brightness == 0||brightness == 255)
      {
        fadeAmount = - fadeAmount;
      }
    delay(30);                      //等待 30 ms
}
```

程序解释：从 0 开始增大 brightness 的数值，到 255 后再减小该值直到为 0，如此循环，LED 渐渐变亮然后渐渐变暗直到熄灭，就像呼吸的状态一样，电器上的呼吸灯就是用这种方法实现的。

3.4　串 行 通 信

3.4.1　串行通信的概念

所谓通信就是计算机与计算机或外围设备之间的数据传输。通信有两种方式,即并行通信和串行通信,如图 3.12 所示。

并行通信的特点是可以多位数据同时传输,传输速度快,但其占用的 I/O 口较多,传送一个字节的数至少需要 8 位数据线,而 Arduino 的 I/O 资源较少,因此在 Arduino 中更常使用的是串行通信方式。

串行通信的数据是一位一位地顺序传送的,其特点是通信线路简单,最多需要两根传输线就可以实现双向通信,从而大大降低了成本。串行通信特别适用于远距离通信。

串行通信是应用非常广的通信方式,即便是各种高速通信接口盛行的今天,串行通信仍然占有重要的地位。其控制方式和应用相对简单,适合各种单片机之间、单片机与模块之间、模块与模块之间直接通信。串口是指 Arduino 中的串行通信接口,串口是指 Arduino 控制板的 0(RX) 和 1(TX) 两个数字端口。

图 3.12　并行通信与串行通信

3.4.2　串口的工作原理

Arduino 与其他器件的通信实际上就是以数字信号的形式进行数据传输,发送端输出一连串的数字信号(称为数据帧)。

例如,使用"Serial. print('A')"语句发送数据字符 A,在 ASCII 中字符 A 的编码是 65,实际发送的数据帧格式如图 3.13 所示。

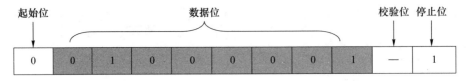

图 3.13　串行数据格式

(1) 起始位

起始位总为低电平,是一组数据帧开始传输的信号。

(2) 数据位

数据位是一个数据包,其中承载了实际发送数据的数据段。当 Arduino 控制板通过串口发送一个数据包时,实际的数据可能不是 8 位的,例如,标准的 ASCII 是 0~127(7 位),而扩展的 ASCII 则是 0~255(8 位)。Arduino 默认使用 8 位数据位,即每次可以传输 1 个字节的数据。

（3）校验位

校验位是串行通信中一种简单的检错方式。可以设置为偶校验或者奇校验，当然，没有校验位也可以。Arduino 默认无校验位。

（4）停止位

每段数据帧的最后都有停止位表示该段数据帧传输结束。停止位总为高电平，可以设置停止位为 1 位或 2 位。Arduino 默认是 1 位停止位。

当串行通信速率较高或外部干扰较大时，可能会出现数据丢失的情况，为了保证数据传输的稳定性，最简单的方式就是降低通信波特率或增加停止位和校验位。在 Arduino 中，可以通过"Serial. begin(speed,config)"语句配置串口通信的数据位、停止位和校验位参数。

3.4.3　串口的使用

使用 USB 线将 Arduino 与计算机连接，从而实现 Arduino 与计算机之间的串口连接。通过此连接，Arduino 便可与计算机互传数据了。除此之外，还可以使用串口引脚连接其他的串口设备进行通信。需要注意的是，通常一个串口只能连接一个设备进行通信。

USB 接口通过一个转换芯片（Atmega 16U2）与 Arduino 的 0（RX）和 1（TX）两个数字端口连接。该转换芯片会通过 USB 接口在计算机上虚拟出一个用于与 Arduino 通信的串口。

要想使串口与计算机通信，需要先使用 Serial. begin()函数初始化 Arduino 的串口通信功能，即

```
Serial.begin(speed);
```

其中，参数 speed 指串行通信波特率（bit per second），表示每秒传送的位（bit，波特）数，它是设定串行通信速率的参数。串行通信的双方必须使用同样的波特率才能进行正常通信。例如，9 600 波特率表示每秒发送 9 600 bit 的数据。Arduino 串口通信通常会使用以下波特率：600、1 200、2 400、4 800、9 600、14 400、19 200、28 800、38 400、57 600、11 5200。更高的波特率对硬件的要求比较高。收发数据的频率取决于波特率参数，串口数据是顺序发送的，一个数据发送完成才能发送下一个数据，速率不对等则会造成丢包、堵塞等问题。

3.4.4　串口的基本函数

（1）Serial. begin(speed)

功能：初始化串口。

参数 speed 为波特率，无返回值。

（2）Serial. available()

功能：获取串口上收到的数据个数，即已经到达并存储在接收缓存区中的字节数。接收缓存区最多可保存 64 字节的数据。

无参数，返回值为可读取的字节数。

（3）Serial. read()

功能：读串口数据，每读取 1 个字符，就会从接收缓存区移除 1 个字节的数据。

无参数，返回值为串口上第一个可读取的字节，类型可以为 char 型，也可以为 int 型。当为int 型时，如果没有可读取的数据，则返回—1。

（4）Serial. parseInt()

功能：读串口数据，从串口流中读取第一个有效的整数数据。

无参数,返回值为 int 型数据。

(5) Serial. parseFloat()

功能:读串口数据,从串口缓冲区读取第一个有效的 float 型数据。

无参数,返回值为 float 型数据。

(6) Serial. print(val)

功能:向串口发送数据,无换行。

参数 val 是要发送的数据,无返回值。

(7) Serial. print(val,format)

功能:与 Serial. print(val)基本相同,但多了一个参数 format,用于指定数据的格式。

format 允许的值为 BIN (binary,二进制)、OCT (octal,八进制)、DEC (decimal,十进制)、HEX(hexadecimal,十六进制)。对于浮点数,该参数指定小数点的位数。

(8) Serial. print("Hello World")

功能:向串口发送字符串,无换行。

(9) Serial. println()

功能:向串口发送数据,类似于 Serial. print(),但有换行。

(10) Serial. write(val);

功能:写二进制数据到串口,数据是一个字节一个字节地发送的,以 ASCII 字符的形式输出。

参数 val 为要输出的数据,可以是一个整数,可以是字符串,还可以是字节数组。

例如:

```
Serial.write(buf,len);
```

其中,buf 为同一系列字节组成的数组,len 为要发送的数组的长度。

3.4.5　串口输出示例

【例 3.2】　串口输出

```
float FLOAT = 1.23456;
byte BYTE[6] = {48,49,50,51,52,53};
void setup() {
Serial.begin(9600);
Serial.println("Serial Print:");          //输出字符串"Serial Print:"
Serial.println(78);                        //输出"78"
Serial.println(78,BIN);                    //输出"1001110",BIN 表示二进制
Serial.println(78,OCT);                    //输出"116",OCT 表示八进制
Serial.println(78,DEC);                    //输出"78",DEC 表示十进制(默认)
Serial.println(78,HEX);                    //输出"4E",HEX 表示十六进制
Serial.println(FLOAT);                     //默认 2 位小数输出
Serial.println(FLOAT,0);                   //输出 1,0 位小数输出
Serial.println(FLOAT,2);                   //输出 1.23,2 位小数输出
Serial.println(FLOAT,4);                   //输出 1.2346,4 位小数输出
Serial.println("Serial Write:");           //输出字符串"Serial Write:"
Serial.write(78);                          //输出字符'N'
```

```
Serial.println();          //仅换行
Serial.write("Serial");    //输出字符串"Serial"
Serial.println();          //仅换行
Serial.write(BYTE,6);      //输出字符 012345    //48～53 对应的 ASCII 是 0～5
}
void loop(){
}
```

运行后,串口监视器显示结果如图 3.14 所示。

图 3.14　串口输出结果

【例 3.3】　使用串口控制 LED 的亮度

根据串口输入的数值,调节 LED 的亮度,电路连接如图 3.15 所示。实验的具体过程请扫描二维码。

例 3.3 的实验过程

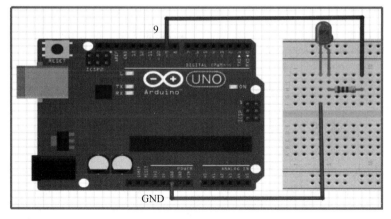

图 3.15　例 3.3 的电路连接图

示例程序如下：

```
int var = 0;                    //定义用于存储数据的变量
#define ledPin 9
void setup()
{
Serial.begin(9600);            //串口初始化,设置串口的波特率为9 600
pinMode(ledPin,OUTPUT);
}
void loop() {
  if(Serial.available()>0)     //检测是否有数据进入 Uno 控制板
  {
  var = Serial.parseInt();     //读取进入 Uno 控制板的数据
  Serial.print("brightness:"); //串口输出字符串"brightness:"
  Serial.println(var);         //串口输出读取的数据
  analogWrite(ledPin,var);
  }
}
```

打开 IDE 中的串口监视器,在输入框中输入"120"后按回车键或单击"发送"按钮,输入"250"后按回车键,输入"100"后按回车键,输入"20"后按回车键,显示结果如图 3.16 所示。

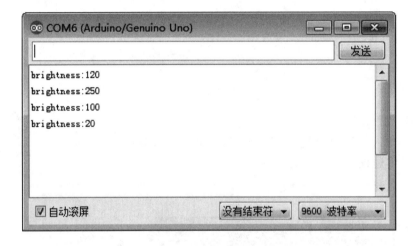

图 3.16　串口监视器显示的结果

3.5　在线仿真软件 Tinkercad

　　Tinkercad 是 Autodesk 公司开发的一款免费、易于使用的三维设计、电子电路设计和编程的在线软件,无须下载即可使用。该软件大大降低了初学者或者创客的学习门槛,突破了缺少硬件的条件限制,同时该软件操作简单,功能强大,仿真效果炫酷,大大开拓了使用者的创意空间,非常适合作为学生、创客、设计师学习 Arduino 的入门软件。

3.5.1　注册与登录

① 登录 Tinkercad 官网 https://www.tinkercad.com/，欢迎页面如图 3.17 所示。登录该网站有时可能较慢，需要花点时间。如果无法进入该页面，请尝试用其他浏览器或者配置稍高的计算机登录。

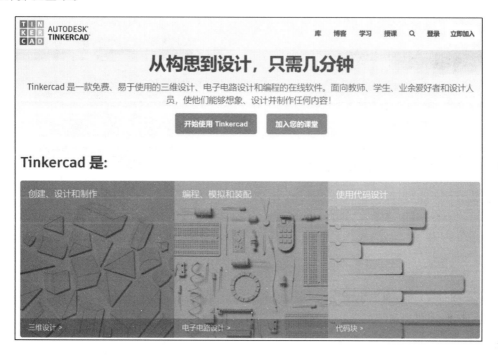

图 3.17　Tinkercad 欢迎页面

② 首次进入欢迎页面，该页面显示的可能是英文。如果想显示中文，单击页面右下角的"English(Default)"，如图 3.18(a)所示，即可以切换为中文，如图 3.18(b)所示。

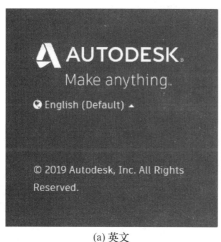

(a) 英文　　　　　　　　　　　　　　　　(b) 中文

图 3.18　Tinkercad 语言切换

③ 单击图 3.17 的"立即加入"，首次使用时，可单击图 3.19 中的"创建个人账户"进行注

册。如果已经完成注册,单击图 3.19 中的"登录",弹出图 3.20 所示的页面,可选择其中一种方式登录。

图 3.19　注册或登录选择　　　　　　　图 3.20　登录方式选择

④ 在图 3.21 中,输入电子邮箱或用户名,单击"下一步"按钮,在图 3.22 中,输入密码,单击"登录"按钮即可。

图 3.21　输入用户名　　　　　　　　　图 3.22　输入密码

3.5.2　电路设计

登录后,选择 Circuits 模块,新建电路。具体过程请扫描二维码。

① 创建一个电路的项目文件,单击图 3.23 左侧的 Circuits(电路),再单击"创建新的电路"按钮,就会跳转到电路设计页面。

不同于其他的编程软件,使用 Tinkercad 除了可以编程外,还可以自由搭建电路并进行程序模拟。编程部分是基于 Arduino Uno R3 控制板的。

Tinkercad 应用举例

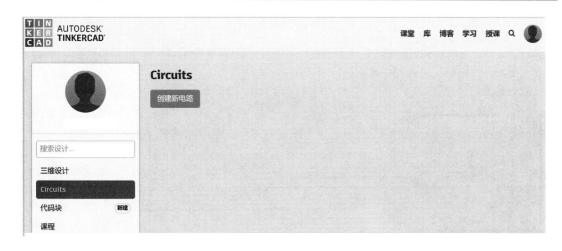

图 3.23 设计类型选择

② 将需要的电子元器件从右侧的组件(基本组件或全部组件)拖拽到主页面中,如图 3.24 所示。目前 Tinkercad 里已经包含了如 Arduino 控制板、实验电路板、LED、LCD 显示屏、蜂鸣器、电机、传感器等各类电子元器件。

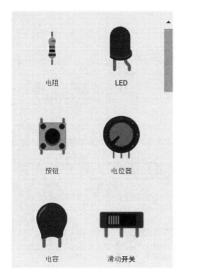

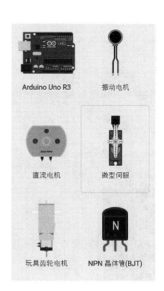

图 3.24 电子元器件选择

③ 连接电路。连线时若需要弯折,在转折点处单击一下即可。选中连线,可以修改连线的颜色。

3.5.3 程序设计与仿真

① 单击图 3.25 中的"代码"按钮,选择块或者文本,在代码区输入程序。

② 单击图 3.25 中"开始模拟"按钮,查看项目的最终效果,如图 3.26 所示。

③ 如果程序需要串口输出,单击页面右下角的"串行监视器"。

④ 模拟结束后,单击"停止模拟"按钮,可根据需要重新调试。

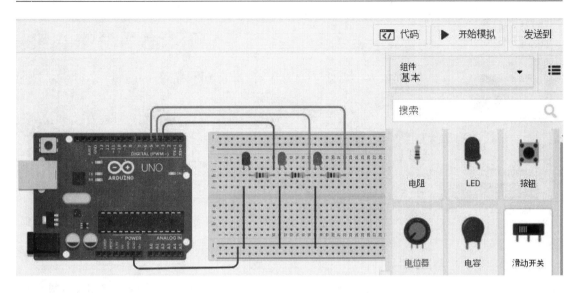

图 3.25　电路连接

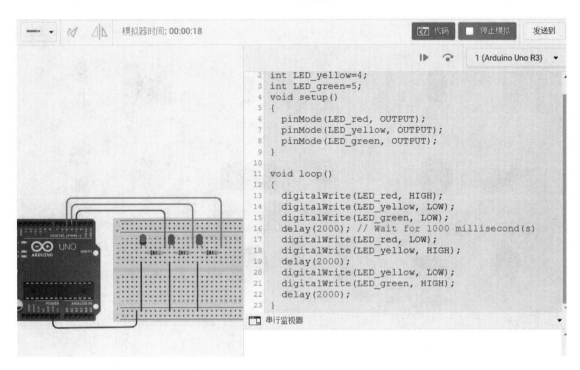

图 3.26　程序仿真页面

复 习 题

1. pinMode(LED,OUTPUT)的作用是_____。

    A. 设置 LED 引脚为输出模式

    B. 接收外部数据

  C. 设置 LED 引脚为输入模式

  D. 以上都对

2. digitalWrite(13,HIGH)的作用是 _____ 。

  A. 为数字端口 13 写入低电平

  B. 为模拟端口 13 写入高电平

  C. 为数字端口 13 写入高电平

  D. 为模拟端口 13 写入低电平

3. pinMode(buttonPin,INPUT_PULLUP)的作用是_____ 。

  A. 设置 buttonPin 引脚为输入模式

  B. 设置 buttonPin 引脚为输出模式

  C. 设置 buttonPin 引脚为带上拉电阻输入模式

  D. 设置 buttonPin 引脚为带下拉电阻输入模式

4. 读取引脚 A0 的模拟值的正确代码是_____ 。

  A. analogRead(A0)；   B. digitalRead(A0)；

  C. digitalWrite(A0)；   D. analogWrite(A0)；

5. 与实验电路板的引脚 e10 导通的引脚是_____ 。

  A. d10   B. f10   C. g10   D. e9

6. 以下_____(Pin)可以使用 analogWrite()实现 LED 亮度渐变效果。

  A. 6   B. 7   C. A3   D. 5V

7. for (int x＝0；x＜100；x＋＋) {

  sum＝sum＋i；

  }

  将循环执行{ }内的语句_____次。

  A. 0   B. 100   C. 99   D. 101

8. 下列关于 Arduino Uno 模拟输出的描述正确的是_____ 。

  A. 输出信号的频率可以任意设置

  B. 输出的是 PWM 波

  C. 输出信号的电平可以任意设置

  D. 输出的是幅度连续的波形

9. 每个数字口可提供最高_____的电流和_____的电压,这足以点亮一个 LED,但是不足以驱动电动机。

10. 定义数字引脚 3 为输出模式的语句为_____ 。

11. 从数字引脚 5 输入函数,语句为_____;该函数返回值为_____型,结果为_____或_____。

12. 数字引脚 8 输出高电平的语句为_____ 。

13. 从模拟引脚 A1 输入,语句是_____;该函数返回值为_____型,结果是_____范围内的某个值。

14. 时间延迟 500 ms 的语句为_____ 。

15. 模拟输出函数 analogWrite(pin,value)的参数 pin 为数字引脚的＿＿＿＿＿＿＿＿,共 6 个数字引脚,参数 value 为＿＿＿＿＿＿＿＿范围内的某个值。

16. 模拟输入引脚是位于控制板底边右侧的一排插孔＿＿＿＿＿＿＿。模拟输入引脚内置＿＿＿＿＿＿＿位 A/D(模/数)转换器,它可以把 0～5 V 连续变化的电压信号转换成＿＿＿＿＿＿＿的整数值,读取精度为 5 V/2^{10} 个单位,即 5 V/1 024,每个单位约等于 0.004 9 V(4.9 mV)。

17. IIC 是双向的两线制总线,由数据线 SDA 和时钟线 SCL 构成,这两条通信线路对应 Arduino 控制板上的＿＿＿＿＿＿＿＿和＿＿＿＿＿＿＿＿两个模拟引脚。

18. SPI 即串行外围设备接口。它一般由 4 根线组成,该接口的 4 根线包括低电平有效的从机选择线(SS)、主机输出/从机输入数据线(MOSI)、主机输入/从机输出数据线(MISO)和串行时钟线(SCK),分别对应 Arduino Uno 控制板上的引脚＿＿＿＿＿＿＿＿、＿＿＿＿＿＿＿＿、＿＿＿＿＿＿＿＿和＿＿＿＿＿＿＿＿。

19. LED 有一长一短两个引脚,长引脚为＿＿＿＿＿＿＿＿极,短引脚为＿＿＿＿＿＿＿＿极。

20. 通信有两种方式,即＿＿＿＿＿＿＿通信和＿＿＿＿＿＿＿通信。Arduino 中的串行通信接口,简称串口。在 Arduino Uno 板中,串行接口由数字引脚＿＿＿＿＿＿＿(RX)和＿＿＿＿＿＿＿(TX)组成,TX 表示 Arduino 发送指令信息给接收端,RX 表示 Arduino 接收来自发送端的指令信息。

21. 用 Tinkercad 软件设计一款电路,实现一个 LED 的闪烁。设计要求:9 号引脚为输出引脚,串联 220 Ω 的电阻,LED 以 200 ms 的时间间隔闪烁 2 次,灭 1 秒。

22. 以 Tinkercad 软件为平台,设计流水灯电路。设计要求:控制 6 个 LED,每个 LED 串联 220 Ω 的电阻,顺序点亮 LED 且等待 200 ms 熄灭。

23. 以 Tinkercad 软件为平台,实现一个 LED 的亮度可调。设计要求:11 号引脚为输出引脚,串联 220 Ω 的电阻,通过串口监视器的输入值控制 LED 的亮度。

24. 请把以下程序输入 IDE 中,编译成功后,下载程序,在串口监视器中,输入"HELLO",观察输出结果。

```
void setup()
{
  Serial.begin (9600);
}
void loop ()
{
  char c;
  c = Serial.read();
  Serial.println(c);
  delay (1000);
}
```

25. 阅读下面的程序,写出语句的含义或结果。

```
float FLOAT = 1.23456;
void setup() {
  Serial.begin(9600);              //定义串口波特率为＿＿＿＿＿＿＿
```

```
Serial.println(78);              //输出_____
Serial.println(78,BIN);          //输出_____,BIN 表示_____进制
Serial.println(78,OCT);          //输出_____,OCT 表示_____进制
Serial.println(78,DEC);          //输出_____,DEC 表示_____进制,默认
Serial.println(78,HEX);          //输出_____,HEX 表示_____进制
Serial.println(FLOAT,0);         //输出_____
Serial.println(FLOAT,4);         //输出_____
Serial.write("Serial");          //输出字符串_____
}
void loop(){   }
```

第4章 常用元器件及其应用

4.1 轻 触 开 关

轻触开关是一种电子开关。使用时轻轻点按开关按钮就可使开关接通,当松开手时开关即断开。

轻触开关体积小、重量轻,在彩电按键、影碟机按键、鼠标按键等方面得到广泛应用。

4.1.1 轻触开关的类型

以下为几种常见的轻触开关。

1. 等边标准型轻触开关

其表面形状为正方形,且执行机构在顶部表面。这样的轻触开关有很多种规格,如 6.0 mm×6.0 mm、12.0 mm×12.0 mm、6.2 mm×6.2 mm、7.2 mm×7.2 mm 等。此外,等边标准型轻触开关可分为贴片式(SMD)与直插式(DIP)两种。其适用于多种操作面板,应用范围广泛。

2. 超薄型贴片式轻触开关

其引脚为贴片式,且高度仅为 0.8 mm。它的超薄特性决定了它适用于高密度安装。

3. 超长寿命平式轻触开关

其寿命高达 100 万次,执行机构为标准平式。它的触点采用不锈钢镀银材质,降低了接通电阻,大大增强了导通可靠性。

4. 短行程贴片式轻触开关

其执行机构的行程仅为 0.15 mm 左右,引脚为贴片式。它的短行程也决定了它的高使用寿命(可达 20 万次)。

5. 密封型直插式轻触开关

其采用密封结构,引脚为直插式。它的防尘、防水能力很强,在空调、洗衣机等家电设备中应用广泛。

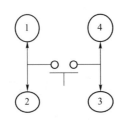

图 4.1 四脚等边直插式标准型轻触开关

4.1.2 四脚轻触开关的结构

本节将只介绍简单的四脚等边直插式标准型轻触开关。

该开关有 4 个引脚,如图 4.1 所示,开关的 1 和 2 两个引脚导通,3 和 4 两个引脚导通。开关被按下时电路接通,开关弹起时电路断开。开关被按下时,4 个引脚相互导通。一般来说,四脚轻触开关相距较远的两个引脚是相通的,离得较近的引脚是一组开关。实际应用时,连接对角的两个引脚最安全方便。若使用实验电路板,轻触开关一定要跨隔离槽。

4.1.3　轻触开关应用举例

【例 4.1】　用轻触开关控制 LED 亮灭

实验要求:按一次开关 LED 亮,再按一次开关 LED 灭。实验的具体过程请扫描二维码。

例 4.1 的实验过程

实验方案一:通过读取一个数字引脚的电平,从而判断开关是否被按下。若开关被按下,通过向另一数字引脚写命令,改变 LED 的状态。

分析:根据图 4.2 所示的电路可知,当开关被按下时,开关所在回路可近似认为电阻为零,这时电流会很大,导致电路烧毁,所以需要启动内部的上拉电阻。同时还需要考虑一个问题,开关在闭合时,不会马上稳定地接通,在断开时也不会一下子断开,因而在闭合及断开的瞬间均伴随有一连串的抖动,由于 Arduino 执行程序速度很快,在按下开关这个时间里就会产生开关抖动。开关抖动会引起一次开关被误读多次,为确保对开关的一次闭合仅作一次处理,必须去除开关抖动。在开关闭合稳定时读取开关的状态,一直判断到开关释放稳定后再处理其他语句。当开关操作次数比较多时,一般采用软件消抖的方法不断检测开关值,直到开关值稳定。实现方法为检测到开关按下为低电平后,延时一段时间(一般延时 5～10 ms 恰好避开抖动期)再次检测,如果开关还是低电平,则认为有开关按下,再转去执行其他功能语句。

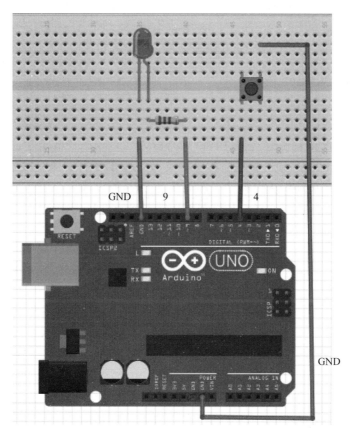

图 4.2　例 4.1 实验方案一的电路连接图

程序如下：

```
#define buttonPin   4
#define ledPin   9
int ledStatus = 0;
void setup()
{
  pinMode(ledPin,OUTPUT);
  pinMode(buttonPin,INPUT_PULLUP);          //设定引脚 4 为输入引脚,并启动上拉电阻
}
void loop() {
    //等待开关被按下
    if(digitalRead(buttonPin) == LOW)          //检测开关是否被按下
    {
      delay(5);                                //延迟 5 ms
      while(digitalRead(buttonPin) == LOW)     //再次检测开关是否被按下,去除抖动
       ledStatus = ! ledStatus;               //ledStatus 值取反,0 变 1,或 1 变 0
      }
    if(ledStatus == 0)
    {
      digitalWrite(ledPin,LOW);               //ledStatus 值为 0 时,LED 灭
      }
    else
    {
      digitalWrite(ledPin,HIGH);              //ledStatus 值为 1 时,LED 亮
      }
}
```

补充：在初始化定义 setup()函数中,语句"pinMode(buttonPin,INPUT_PULLUP);"中的"INPUT_PULLUP"为启动上拉电阻输入模式,为防止轻触开关闭合时短路,故在电路中串联电阻。当轻触开关打开时,从引脚输入的电压为 5 V,所以输入为 HIGH；当轻触开关闭合时,从引脚输入的电压为 0 V,所以输入为 LOW。上拉电阻示意如图 4.3 所示。

实现方案二：利用中断。

从前面的示例程序中可以看到,程序在开始运行后就持续不断地扫描是否有信号传来,这就会导致 Arduino 的 CPU 负载非常高,其他的一些任务得不到执行。由此可知,这种运行方式是非常低效的,对此提出了另一种解决方案——中断。

中断会在需要的时候向 CPU 发送请求以通知 CPU 处理。CPU 在接收到中断后会暂停执行当前的任务转而处理中断,处理完成后继续执行之前的任务。而在中断未发送的时间段内,CPU 可以执行其他的任务,这明显可以大大提高运行效率。完成一个完整的中断需要经历两个过程：产生中

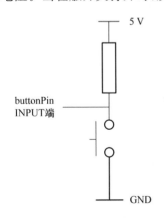

图 4.3　上拉电阻示意图

断和处理中断。中断可以由硬件和软件产生,处理中断则需要软件来完成。

中断有两种类型:外部中断和引脚电平变化中断。引脚电平变化中断可以在所有 20 个引脚上使用,但是其使用方法比较复杂。外部中断在 Arduino Uno 上只可以在引脚 2 和 3 上使用,但是其使用方法非常简单,可以使用 attachInterrupt()函数为中断绑定一个处理函数,使用 detachInterrupt()函数解绑处理函数,这两个函数的使用如 3.1 节所述。

```
attachInterrupt(interrupt,function,mode);
```

中断引脚初始化,参数 interrupt 为中断号,在 Arduino Uno 上可选 0 和 1,分别对应引脚 2 和 3;function 为中断处理函数名;参数 mode 可以为如下参数。
- LOW:中断在低电平时被触发。
- CHANGE:中断在电平改变的时候被触发。
- RISING:中断在电平从低到高变化时被触发。
- FALLING:中断在电平从高到低变化时被触发。

该函数需要在 setup()中进行初始化。

```
detachInterrupt(interrupt);
```

中断关闭函数,变量 interrupt 表示中断编号。同样,interrupt 在 Arduino Uno 上有 0 和 1 两个值。

实验方案二的电路如图 4.4 所示。

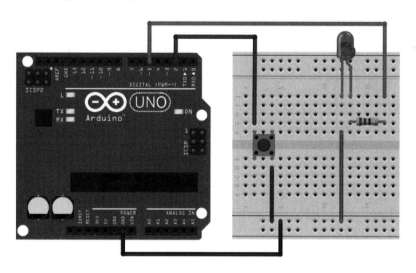

图 4.4   例 4.1 实验方案二的电路连接图

程序如下:

```
int ledPin = 5;                    //LED 控制引脚
int buttonPin = 2;                 //开关引脚连接 2,对应 0 号中断
int ledState = LOW;                //LED 状态
void setup() {
pinMode(ledPin,OUTPUT);
pinMode(buttonPin,INPUT_PULLUP);   //启用 buttonPin 的内部上拉电阻
```

```
attachInterrupt(0,blink,FALLING);    //启用 0 号中断,绑定 blink 函数,并且使用 FALLING 参数
}
void loop() {
    digitalWrite(ledPin,ledState);
}
void blink(){
    ledState = ! ledState;
}
```

将上面的程序下载到 Arduino 控制板后,通过按下或松开开关可以控制 LED 持续点亮或者熄灭。

实现方案解释:在这两个实现方案中,都采用了两个回路,一个是判断开关是否被按下的回路,一个是点亮或熄灭 LED 的回路。在实现方案二的开关是否被按下的检测回路中,按键要与数字引脚 2 或者数字引脚 3 相连。例如,当开关被按下时,启动对应的中断,并且调用 blink()函数,调用完成后,Arduino 继续执行之前的语句。

4.2　电　位　器

机械式电位器简称电位器,它属于传统的可调式电阻元件。电位器在电器产品中使用得非常广泛,例如,收音机的音量调节旋钮就是一种常用的旋转式电位器。

4.2.1　电位器的种类

1. 按电阻体材料分类

(1) 合成碳膜电位器

合成碳膜电位器是使用最多的一种电位器。电阻体是用炭黑、石墨、石英粉、有机黏合剂等配制的混合物涂在胶木板或玻璃纤维板上制成的。

优点:分辨率高,阻值范围宽。

缺点:滑动噪声大,耐热耐湿性不好。

(2) 线绕电位器

其电阻体是由电阻丝绕在涂有绝缘材料的金属或非金属板上制成的。

优点:功率大,噪声低,精度高,稳定性好。

缺点:高频特性较差。

(3) 金属膜电位器

其电阻体是用金属合金膜、金属氧化膜、金属复合膜、氧化膜材料通过真空技术沉积在陶瓷基体上制成的。

优点:分辨率高,滑动噪声较合成碳膜电位器小。

缺点:阻值范围小,耐磨性不好。

2. 按调节方式分类

(1) 直滑式电位器

其电阻体为长方形,它是通过与滑座相连的滑柄作直线运动来改变电阻值的。

直滑式电位器一般用在电视机、音响中作音量控制或均衡控制。

（2）旋转式电位器

旋转式电位器又分为单圈电位器与多圈电位器。

- 单圈电位器：它的滑动臂只能在不到 360° 的范围内旋转。单圈电位器一般用于音量控制。
- 多圈电位器：它的转轴每转一圈，滑动臂触点在电阻体上仅改变很小一段距离，其滑动臂从一个极端位置到另一个极端位置时，转轴需要转动多圈。多圈电位器一般用于精密调节电路中。

除以上分类外，电位器还可以按结构特点、用途等来分类。

4.2.2　旋转式电位器的结构

电位器是阻值可以变化的电阻元件。从图 4.5 可以看到，它有 3 个引脚，两端的引脚分别接 5 V 引脚和 GND 引脚，中间的引脚是信号引脚。使用时，旋转电位器上的旋钮，电位器的电阻值发生变化，中间引脚的输出电压也会发生变化。

从图 4.6 可以看到，旋转电位器的内部结构类似于一个滑动变阻器。因此，电位器可以作为一个两端元件使用，即只接 A 端和 C 端则为一个固定电阻；接 B 端与 A 端和 C 端中的任意一端则可以作为可变电阻使用。作为三端元件使用时，正确的接法是 A 端和 C 端分别接电源和地，B 端接输出。电位器的工作原理是通过修改接入回路中的电阻来使回路中的电压发生变化。因此，电位器可以直接用来控制电路。对于 Arduino 来说，则可以通过读取 U_B 的电位来控制其他器件，如 LED、电动机等。

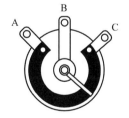

图 4.5　旋转式电位器　　　　　　图 4.6　旋转电位器的内部结构

4.2.3　电位器应用举例

【例 4.2】　用电位器调节 LED 亮度

实验要求：通过改变电位器阻值（旋转电位器），进而改变输出的 PWM 信号，来控制 LED 亮度的变化。

实验的具体过程请扫描二维码。

在图 4.7 中，LED 的正极串联电阻后，接 Arduino 控制板的 3 号端口，可变电阻器输出引脚接 A0 端口。

例 4.2 的实验过程

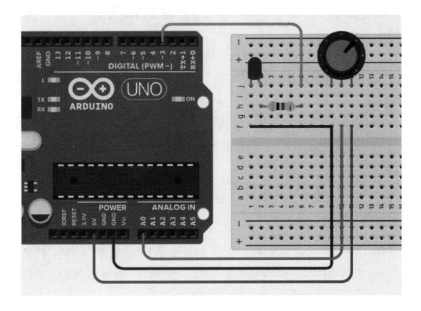

图 4.7　例 4.2 的电路连接图

程序如下：

```
#define Pot A0
#define LED 3
int potBuffer = 0;                          //定义 int 型变量 PotBuffer,存储读取的模拟信号的值
//初始化部分
void setup()
{
pinMode(LED,OUTPUT);                        //初始化 LED 引脚为输出模式
}
//主函数部分
void loop()
{
  potBuffer = analogRead(Pot);              //读取引脚 A0 的数据
  //把模拟信号范围值 0~1 023 缩放为数字信号范围值 0~255
  potBuffer = map(potBuffer,0,1023,0,255);  //将 PotBuffer 在缩放范围内进行映射
  analogWrite(LED,potBuffer);               //PWM 调光,输出 PWM
}
```

定义部分定义了实验用到的引脚和变量。其中 Pot 为模拟引脚，LED 为 PWM 引脚。初始化部分对用到的 LED 进行初始化。

在 loop() 函数中，利用 analogRead(Pot) 函数读取电位器的模拟值，并将值存入 PotBuffer 变量参数中。模拟输入参数的最小值为 0，最大值为 1 023。利用 analogWrite(LED,PotBuffer) 函数控制 LED 的亮度。模拟输出参数的最小值为 0，最大值为 255。通过 map(PotBuffer,0,1023,0,255) 函数将模拟信号的上下限映射到数字信号的上下限，将 PotBuffer 的值在数字信号的最大值 255 上进行缩放。

4.2.4　缩放函数

```
map(val,I_Min,I_Max,O_Min,O_Max);
```

其作用为等比例缩放,返回缩放后的数值。

其中,val 为输入参数值,I_Min 为输入参数的最小值,I_Max 为输入参数的最大值, O_Min为输出参数的最小值,O_Max 为输出参数的最大值。

返回输出参数值为

$$\frac{val-I\_Min}{I\_Max-I\_Min}(O\_Max-O\_Min)$$

4.3　蜂鸣器

蜂鸣器是一种简易的发声设备。它虽然灵敏度不高,但是制作工艺简单,成本低廉,因此广泛用于计算机、电子玩具、打印机、复印机、定时器等设备中。

4.3.1　蜂鸣器的工作原理及分类

蜂鸣器是通过给压电材料供电来发出声音的。压电材料可以随电压和频率的不同产生机械变形,从而产生不同频率的声音。蜂鸣器又分为有源蜂鸣器和无源蜂鸣器两种。这里的"源"不是指电源,而是指振荡源。

有源蜂鸣器内部集成有振荡源,因此只要为其提供直流电源就可以发声。无源蜂鸣器由于没有集成振荡源,因此需要接在音频输出电路中才可以发声。

区分有源蜂鸣器和无源蜂鸣器时可以初步地从外观来判断,无源蜂鸣器绿色的电路板通常是裸露的,如图 4.8 所示;有源蜂鸣器的电路通常是被黑胶覆盖的,如图 4.9 所示。

图 4.8　无源蜂鸣器　　　　　　　　　　图 4.9　有源蜂鸣器

更精确的判断方法是通过万用表来测量蜂鸣器的电阻,无源蜂鸣器的电阻一般为 8 Ω 或 16 Ω,有源蜂鸣器的电阻在几百欧以上。

4.3.2　蜂鸣器驱动应用举例

由于蜂鸣器分为有源和无源两种,因此对应需要两种方式来驱动蜂鸣器。

1. 有源蜂鸣器的驱动

【例 4.3】　驱动有源蜂鸣器

由于有源蜂鸣器内部集成有振荡源,因此无须在电路中提供振荡源。

（1）电路连接

驱动有源蜂鸣器非常简单,完全可以使用与驱动 LED 类似的程序来驱动,元器件接法如图 4.10 所示。

图 4.10　例 4.3 的电路连接图

（2）程序示例

有源蜂鸣器只要通入电流就可以发声,所以这里只需要将 Arduino 的数字输出端口与蜂鸣器的正极连接即可。驱动有源蜂鸣器的程序如下:

```
int buzzerPin = 9;                     //蜂鸣器引脚
void setup ()
{
    pinMode(buzzerPin,OUTPUT);         //设置引脚模式为输出
}
//交替向引脚输出高、低电压
void loop()
{
    for (int i = 0;i < 50;i + + )
    {digitalWrite (buzzerPin,HIGH);
      delay(5);
      digitalWrite (buzzerPin,LOW);
      delay(5);
    }
    for(int i = 0;i < 50;i + + )
    {
      digitalWrite (buzzerPin,HIGH);
      delay(10);
      digitalWrite (buzzerPin,LOW);
```

```
        delay(10);
    }
}
```

在将上述程序烧录到 Arduino 控制板后,有源蜂鸣器就会以两种不同的频率发声。

2. 无源蜂鸣器的驱动

由于无源蜂鸣器在内部没有集成振荡源,因此需要驱动电路提供振荡源才能正常工作。Arduino 语言提供了tone()函数来驱动无源蜂鸣器,该函数的原型如下:

```
tone(pin,frequency,[duration]);  //发声函数
```

其中:参数 pin 表示方波输出的引脚;frequency 表示方波的频率,以赫兹(Hz)为单位;duration表示持续的时间,以毫秒(ms)为单位,该参数是可选的。如果在调用 tone()函数的过程中不指定持续时间 duration,那么 tone()函数会一直持续执行,直到程序调用 noTone()函数为止。

```
noTone(pin);  //用来停止 tone()函数产生的方波
```

其中,参数 pin 表示方波输出的引脚。

【例 4.4】 驱动无源蜂鸣器

(1)电路连接

无源蜂鸣器的元器件接法与有源蜂鸣器接法相同,如图 4.10 所示。

(2)程序示例

```
int puzzerPin = 9;              //蜂鸣器引脚
void setup()
{
}
void loop() {
    tone(puzzerPin,500);        //向蜂鸣器引脚输出 500 Hz 的方波来驱动蜂鸣器发声
    delay (1000);               //延时 1 000 ms
    noTone(puzzerPin);          //停止产生方波,蜂鸣器不再发声
    delay(1000);
}
```

在将上面的程序烧录到 Arduino 控制板后,蜂鸣器就开始以 1 s 为间隔发出频率为 500 Hz 的声音。

4.3.3　使用无源蜂鸣器演奏音乐示例

1. 音符

在简谱中,记录音的高低和长短的符号,叫作音符。

2. 音高

音符的数字符号 1、2、3、4、5、6、7 表示不同的音高。在音符上面的小圆点叫作高音点,带有一个高音点的音符叫作高音,即表示高八度演唱;带有两个高音点的音符叫作倍高音,表示高两个八度演唱。在音符下面的小圆点是低音点,带有一个低音点的音符叫作低音,表示低八度演唱;带有两个低音点的音符叫作倍低音,表示低两个八度演唱。如果要演奏一段音乐,则

需要知道各个音对应的频率,例如,F 调中各个音高的频率如表 4.1 所示。

表 4.1　F 调中各个音高的频率

音高	$\dot{1}$	$\dot{2}$	$\dot{3}$	4	$\dot{5}$	$\dot{6}$	$\dot{7}$
频率/Hz	175	196	221	234	262	294	330
音高	1	2	3	4	5	6	7
频率/Hz	350	393	441	467	525	589	661

3. 拍子

音乐中的音符除了有高低之分外,还有长短之分,即音的拍子。拍子是表示音符长短的重要概念。

在简谱中,将音符分为全音符、二分音符、四分音符、八分音符等。在这几个音符里面最重要的是四分音符,它往往是一个基本参照度量长度,即四分音符为一拍。这里一拍的概念是一个相对时间度量单位。一拍的长度没有限制,可以是 1 s,也可以是 2 s 或 0.5 s。假如一拍是 1 s 的长度,那么二拍就是 2 s;若将一拍定为 0.5 s,两拍就是 1 s 的长度。一旦一拍时长确定下来,也就可以确定其他拍的音符时长。用一条横线在四分音符的右边或下边来标注,以此来定义该音符的长短。下面列出常用音符和它们的长度标记。

- 5---：全音符 5(so)是 4 拍。
- 5-：二分音符 5(so)是 2 拍。
- 5：四分音符 5(so)是 1 拍。
- 5：八分音符 5(so)是 0.5 拍。

4. 休止符

四分休止符用“0”来表示。二分休止符用“0 0”表示,不需要在后边加横线。

【例 4.5】　演奏一段音乐

实验要求:演奏一段《新年好》的音乐,乐谱如图 4.11 所示。

由表 4.1 可知这些音对应的频率,同时由乐谱可知每个音是几

拍,也就是音的时长关系。在这段五线谱中,$\frac{3}{4}$ 表示以四分音符为一

例 4.5 的实验过程

拍,每小节有 3 拍,“‖”表示小节线符号。实验的具体过程请扫描二维码。

新 年 好

1=F $\frac{3}{4}$

‖ 1 1 　1 　5 | 3 3 　3 　1 | 1 3 　5 　5 | 4 3 　2 　- |
新 年 好 呀 新 年 好 呀, 祝 贺 大 家 新 年 好。

‖ 2 3 　4 　4 | 3 2 　3 　1 | 1 3 　2 　5 | 7 2 　1 　- ‖
我 们 唱 歌 我 们 跳 舞, 祝 贺 大 家 新 年 好

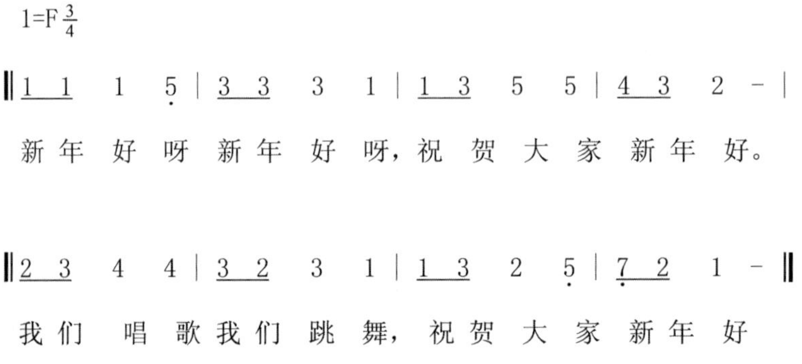

图 4.11　乐谱

程序如下:

```
//根据音调,定义各个音符的频率
#define D1 175
#define D2 196
#define D3 221
#define D4 234
#define D5 262
#define D6 294
#define D7 330
#define M1 350
#define M2 393
#define M3 441
#define M4 467
#define M5 525
#define M6 589
#define M7 661
//根据简谱列出各音符
int tune[] =   {
  M1,M1,M1,D5,
  M3,M3,M3,M1,
  M1,M3,M5,M5,
  M4,M3,M2,
  M2,M3,M4,M4,
  M3,M2,M3,M1,
  M1,M3,M2,D5,
  D7,M2,M1,
  };
float duration[] =   //根据简谱列出各节拍
{
  0.5,0.5,1,1,
  0.5,0.5,1,1,
  0.5,0.5,1,1,
  0.5,0.5,2,
  0.5,0.5,1,1,
  0.5,0.5,1,1,
  0.5,0.5,1,1,
  0.5,0.5,2,};
int length;
int tonePin = 9;
void setup()
{
  pinMode(tonePin,OUTPUT);
  length = sizeof(tune)/sizeof(tune[0]); //这里用了一个 sizeof 函数,可以查出 tone 序列里有多少个音符
}
void loop()
{
  for(int x = 0;x < length;x ++ )
```

```
    {
        tone(tonePin,tune[x]);//此函数依次播放 tune 序列里的数组,即每个音符
        delay(400 * duration[x]);//每个音符持续的时间,调整时间越长,曲子速度越慢;调整时间越短,
曲子速度越快
        noTone(tonePin);
    }
    delay(5000);//等待 5 s 后,循环重新开始
}
```

4.4　数　码　管

数码管是一种半导体发光器件,基本单位是发光二极管。数码管可分为七段数码管和八段数码管,区别在于八段数码管比七段数码管多一个用于显示小数点的发光二极管单元。一位数码管实物如图 4.12 所示,它的引脚与内部结构如图 4.13 所示。

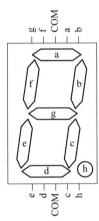

图 4.12　一位数码管的外部结构　　　　图 4.13　一位数码管的引脚与内部结构

4.4.1　一位数码管

一位数码管是指只能显示一位数字的数码管。

1. 工作原理

一位数码管共有 10 个引脚,其中两个是 COM 口。一位数码管可分为共阳极数码管和共阴极数码管两种,如图 4.14 和图 4.15 所示。使用时,共阳极数码管的 COM 口接 5 V 引脚,共阴极数码管的 COM 口接 GND 引脚。

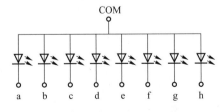

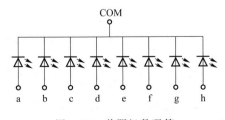

图 4.14　共阳极数码管　　　　　　　　　图 4.15　共阴极数码管

以一位共阴极数码管为例,其 COM 口连接 Uno 控制板的 GND 引脚,剩余的引脚连接 Uno 控制板的数字引脚。由于 COM 口接 GND 处于低电平,当某一字段发光二极管的数字引脚为高电平时,相应字段就点亮;当某一字段的数字引脚为低电平时,相应字段就不亮。

若需要显示数字"1",则要点亮数码管中的 b 段和 c 段,这就需要给引脚 b 和引脚 c 高电平,如图 4.16 所示;同理,若显示数字"0",则要点亮数码管中的 a 段、b 段、c 段、d 段、e 段和 f 段,即给 a、b、c、d、e 和 f 相连的引脚高电平,结果如图 4.17 所示。表 4.2 所示为数字"0"和"1"对应的段码。

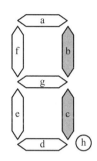
图 4.16　显示"1"时数码管的状态

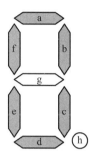
图 4.17　显示"0"时数码管的状态

表 4.2　共阴极数码管的数字段码表

段名称	h	g	f	e	d	c	b	a	对应段码
数字 0	0	0	1	1	1	1	1	1	0x3F
数字 1	0	0	0	0	0	1	1	0	0x06

2. 一位数码管应用举例

【例 4.6】　用一位数码管显示数字

实验的具体过程请扫描二维码。

（1）电路连接

一位共阴极数码管的电路连接如图 4.18 所示。

例 4.6 的实验过程

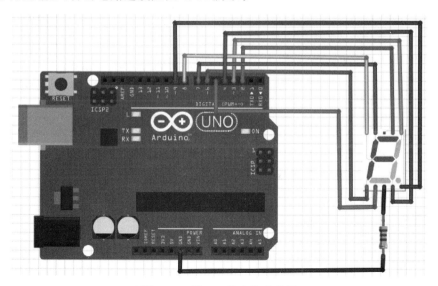
图 4.18　例 4.6 的电路连接图

（2）程序示例

```
//定义部分
#define Pin_a   2                           //定义引脚
#define Pin_b   3
#define Pin_c   4
#define Pin_d   5
#define Pin_e   6
#define Pin_f   7
#define Pin_g   8
#define Pin_h   9
//共阴极数码管,0～9显示的各段开关状态
int table[10][8] =
{   //1为点亮,0为关闭
//{h,g,f,e,d,c,b,a }
    {0, 0, 1, 1, 1, 1, 1, 1}, //显示数字 0
    {0, 0, 0, 0, 0, 1, 1, 0}, //显示数字 1
    {0, 1, 0, 1, 1, 0, 1, 1}, //显示数字 2
    {0, 1, 0, 0, 1, 1, 1, 1}, //显示数字 3
    {0, 1, 1, 0, 0, 1, 1, 0}, //显示数字 4
    {0, 1, 1, 0, 1, 1, 0, 1}, //显示数字 5
    {0, 1, 1, 1, 1, 1, 0, 1}, //显示数字 6
    {0, 0, 0, 0, 0, 1, 1, 1}, //显示数字 7
    {0, 1, 1, 1, 1, 1, 1, 1}, //显示数字 8
    {0, 1, 1, 0, 1, 1, 1, 1}, //显示数字 9
};
//初始化部分
void setup()
{
  pinMode(Pin_a,OUTPUT);                     //设置输出引脚
  pinMode(Pin_b,OUTPUT);
  pinMode(Pin_c,OUTPUT);
  pinMode(Pin_d,OUTPUT);
  pinMode(Pin_e,OUTPUT);
  pinMode(Pin_f,OUTPUT);
  pinMode(Pin_g,OUTPUT);
  pinMode(Pin_h,OUTPUT);
}
//主函数部分
void loop()
{
    for(int i = 0;i<10;i++)                  //设置循环语句,数码管循环显示数字 0～9
    {
      digitalWrite(Pin_a,table[i][7]);       //设置引脚 a 的电平
```

```
        digitalwrite(Pin _b,table[i][6]);
        digitalWrite(Pin _c,table[i][5]);
        digitalwrite(Pin _d,table[i][4]);
        digitalWrite(Pin _e,table[i][3]);
        digitalWrite(Pin _f,table[i][2]);
        digitalWrite(Pin _g,table[i][1]);
        digitalWrite(Pin _h,table[i][0]);
        delay(1000);                //延迟 1 s
    }
}
```

程序中定义了一个二位数组用来存储 0~9 的段码表。在 loop()函数中通过 for()循环显示 0~9,每个数字分别读取对应的段码表来控制相应段 LED 的亮灭。每个数字显示 1 s 后,再显示下一数字,这样循环显示数字 0~9。

4.4.2　四位数码管

四位数码管是能显示 4 位数字的数码管。四位数码管也有共阳极数码管和共阴极数码管之分,使用方法与一位数码管相似。四位数码管的实物如图 4.19 所示,它的引脚与内部结构如图 4.20 所示。

图 4.19　四位数码管的外部结构

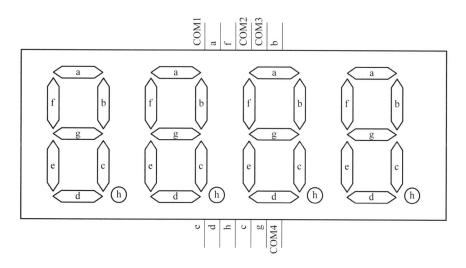

图 4.20　四位数码管的引脚与内部结构

以四位共阴极数码管为例,它利用 4 个 COM 端口和 a～h 端口控制数字的显示。这时 COM1、COM2、COM3、COM4 连接的不是 Uno 控制板的 5 V 引脚,而是作为位选线连接 Arduino 的数字引脚。

四位数码管是如何控制数字显示的呢? 下面以显示"1234"为例,如图 4.21 所示,解释四位数码管的工作原理。四位数码管在显示数字时每次只能显示一位数字。要显示"1234",数码管要先在 1 号位置显示"1",接着在 2 号位置显示"2",依此类推。由于人眼具有视觉暂留效应,尽管"1234"中的各个位数先后单独显示,但间隔时间短,后一位数显示时,前位数余晖仍停留在人眼中,因此我们看到四位数码管上显示的数字就是"1234"。

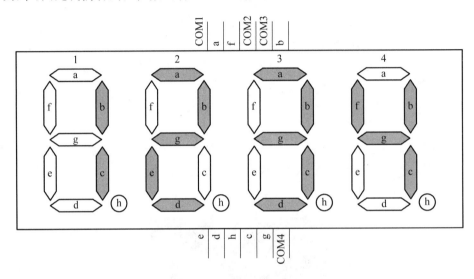

图 4.21　四位数码管显示"1234"

四位数码管上标有 a 的数码管有 4 段,但只有 1 个 a 引脚。那么四位数码管的引脚是如何控制数码管中每段的显示的呢? 以 1 号位置显示数字"1"为例。先接通 COM1 端口,给其低电平,再给 COM2、COM3 和 COM4 端口高电平。引脚 b、c 接高电平,这样使得 1 号位置的 COM1 端口和引脚 b、c 之间形成电压差,b、c 段被点亮,显示数字"1"。此时,2、3、4 号位置的 COM2、COM3 和 COM4 端口是高电平,b、c 段也都是高电平,这样 COM 端口和引脚 b、c 之间没有电压差,2、3、4 号位置的 b、c 段不会被点亮,并不显示数字。同理 2 号位置显示数字"2",先接通 COM2 端口,给其低电平,再给 COM1、COM3 和 COM4 端口高电平。引脚 a、b、d、e、g 给高电平,这样使得 2 号位置的 COM2 端口和引脚 a、b、d、e、g 之间形成电压差,a、b、d、e、g 段被点亮,显示数字"2"。此时,1、3、4 号位置的 COM1、COM3 和 COM4 端口是高电平,a、b、d、e、g 段也都是高电平,这样 COM 端口和引脚 a、b、d、e、g 之间没有电压差,2、3、4 号位置的 a、b、d、e、g 段不会被点亮,并不显示数字。

【例 4.7】 用四位数码管显示数字

实验的具体过程请扫描二维码。

(1) 实验电路

四位共阴极数码管的电路连接如图 4.22 所示。

例 4.7 的实验过程

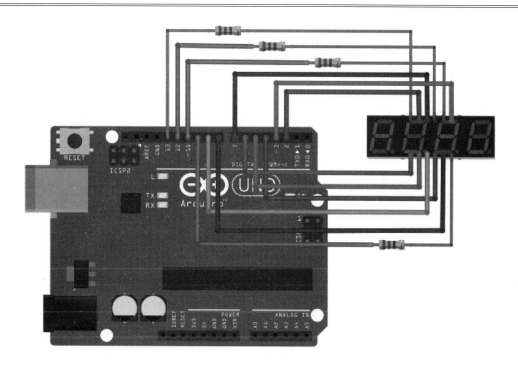

图 4.22　四位数码管电路图

（2）程序示例

```
//设置各段引脚
int Pin_a = 2;
int Pin_b = 3;
int Pin_c = 4;
int Pin_d = 5;
int Pin_e = 6;
int Pin_f = 7;
int Pin_g = 8;
int Pin_h = 9;
//设置 COM 引脚
int com4 = 10;
int com3 = 11;
int com2 = 12;
int com1 = 13;
//设置变量
long  n = 1234;
int   del = 55;                    //此处数值对时钟进行微调

void setup()
{
  pinMode(com1,OUTPUT);
  pinMode(com2,OUTPUT);
```

```
    pinMode(com3,OUTPUT);
    pinMode(com4,OUTPUT);
    pinMode(Pin_a,OUTPUT);
    pinMode(Pin_b,OUTPUT);
    pinMode(Pin_c,OUTPUT);
    pinMode(Pin_d,OUTPUT);
    pinMode(Pin_e,OUTPUT);
    pinMode(Pin_f,OUTPUT);
    pinMode(Pin_g,OUTPUT);
    pinMode(Pin_h,OUTPUT);
}


void loop()
{
    clearLEDs();
    pickDigit(1);
    pickNumber((n/1000)%10);
    delayMicroseconds(del);

    clearLEDs();
    pickDigit(2);
    pickNumber((n/100)%10);
    delayMicroseconds(del);

    clearLEDs();
    pickDigit(3);
    pickNumber((n/10)%10);
    delayMicroseconds(del);

    clearLEDs();
    pickDigit(4);
    pickNumber(n%10);
    delayMicroseconds(del);
}

void pickDigit(int x)               //定义 pickDigit(x),其作用是开启位选择端口
{
    digitalWrite(com1,HIGH);
    digitalWrite(com2,HIGH);
    digitalWrite(com3,HIGH);
    digitalWrite(com4,HIGH);

    switch(x)
```

```
    {
    case 1:
      digitalWrite(com1,LOW);
      break;
    case 2:
      digitalWrite(com2,LOW);
      break;
    case 3:
      digitalWrite(com3,LOW);
      break;
    default:
      digitalWrite(com4,LOW);
      break;
    }
}
void pickNumber(int x)              //定义 pickNumber(x),其作用是显示数字 x
{
  switch(x)
  {
  case 1:one();break;
  case 2:two();break;
  case 3:three();break;
  case 4:four();break;
  case 5:five();break;
  case 6:six();break;
  case 7:seven();break;
  case 8:eight();break;
  case 9:nine();break;
  default:zero();break;
  }
}
void dispDec(int x)                //设定开启小数点
{
  digitalWrite(Pin_h,HIGH);
}
void clearLEDs()   //清屏
{
  digitalWrite(Pin_a,LOW);
  digitalWrite(Pin_b,LOW);
  digitalWrite(Pin_c,LOW);
  digitalWrite(Pin_d,LOW);
  digitalWrite(Pin_e,LOW);
  digitalWrite(Pin_f,LOW);
```

```
  digitalWrite(Pin_g,LOW);
  digitalWrite(Pin_h,LOW);
}
void zero()                    //定义显示数字 0 时阴极那些引脚的开关
{
  digitalWrite(Pin_a,HIGH);
  digitalWrite(Pin_b,HIGH);
  digitalWrite(Pin_c,HIGH);
  digitalWrite(Pin_d,HIGH);
  digitalWrite(Pin_e,HIGH);
  digitalWrite(Pin_f,HIGH);
  digitalWrite(Pin_g,LOW);
}
void one()                     //定义显示数字 1 时阴极那些引脚的开关
{
  digitalWrite(Pin_a,LOW);
  digitalWrite(Pin_b,HIGH);
  digitalWrite(Pin_c,HIGH);
  digitalWrite(Pin_d,LOW);
  digitalWrite(Pin_e,LOW);
  digitalWrite(Pin_f,LOW);
  digitalWrite(Pin_g,LOW);
}
void two()                     //定义显示数字 2 时阴极那些引脚的开关
{
  digitalWrite(Pin_a,HIGH);
  digitalWrite(Pin_b,HIGH);
  digitalWrite(Pin_c,LOW);
  digitalWrite(Pin_d,HIGH);
  digitalWrite(Pin_e,HIGH);
  digitalWrite(Pin_f,LOW);
  digitalWrite(Pin_g,HIGH);
}
void three()                   //定义显示数字 3 时阴极那些引脚的开关
{
  digitalWrite(Pin_a,HIGH);
  digitalWrite(Pin_b,HIGH);
  digitalWrite(Pin_c,HIGH);
  digitalWrite(Pin_d,HIGH);
  digitalWrite(Pin_e,LOW);
  digitalWrite(Pin_f,LOW);
  digitalWrite(Pin_g,HIGH);
}
void four()                    //定义显示数字 4 时阴极那些引脚的开关
{
  digitalWrite(Pin_a,LOW);
  digitalWrite(Pin_b,HIGH);
```

```
  digitalWrite(Pin_c,HIGH);
  digitalWrite(Pin_d,LOW);
  digitalWrite(Pin_e,LOW);
  digitalWrite(Pin_f,HIGH);
  digitalWrite(Pin_g,HIGH);
}
void five()                      //定义显示数字 5 时阴极那些引脚的开关
{
  digitalWrite(Pin_a,HIGH);
  digitalWrite(Pin_b,LOW);
  digitalWrite(Pin_c,HIGH);
  digitalWrite(Pin_d,HIGH);
  digitalWrite(Pin_e,LOW);
  digitalWrite(Pin_f,HIGH);
  digitalWrite(Pin_g,HIGH);
}
void six()                       //定义显示数字 6 时阴极那些引脚的开关
{
  digitalWrite(Pin_a,HIGH);
  digitalWrite(Pin_b,LOW);
  digitalWrite(Pin_c,HIGH);
  digitalWrite(Pin_d,HIGH);
  digitalWrite(Pin_e,HIGH);
  digitalWrite(Pin_f,HIGH);
  digitalWrite(Pin_g,HIGH);
}


void seven()                     //定义显示数字 7 时阴极那些引脚的开关
{
  digitalWrite(Pin_a,HIGH);
  digitalWrite(Pin_b,HIGH);
  digitalWrite(Pin_c,HIGH);
  digitalWrite(Pin_d,LOW);
  digitalWrite(Pin_e,LOW);
  digitalWrite(Pin_f,LOW);
  digitalWrite(Pin_g,LOW);
}
void eight()                     //定义显示数字 8 时阴极那些引脚的开关
{
  digitalWrite(Pin_a,HIGH);
  digitalWrite(Pin_b,HIGH);
  digitalWrite(Pin_c,HIGH);
  digitalWrite(Pin_d,HIGH);
```

```
  digitalWrite(Pin_e,HIGH);
  digitalWrite(Pin_f,HIGH);
  digitalWrite(Pin_g,HIGH);
}
void nine()                      //定义显示数字 9 时阴极那些引脚的开关
{
  digitalWrite(Pin_a,HIGH);
  digitalWrite(Pin_b,HIGH);
  digitalWrite(Pin_c,HIGH);
  digitalWrite(Pin_d,HIGH);
  digitalWrite(Pin_e,LOW);
  digitalWrite(Pin_f,HIGH);
  digitalWrite(Pin_g,HIGH);
}
```

思考:改写以上程序,使其看起来更简洁,并能实现同样的效果。

4.5　LCD

　　LCD(Liquid Crystal Display)即液晶显示器,其原理是通过电信号来控制液晶分子的移动方向,从而控制每个像素点是否显示。这些被显示的像素点就可以构成图形或者图像。

　　LCD 在显示领域应用非常广泛,如液晶电视、手机屏幕、计算机显示屏等。这些屏幕通常都是彩色的。单色 LCD 相对于彩色 LCD 来说更加容易使用和控制,因此本节采用单色LCD。单色 LCD 可以分为段码型和点阵型。段码型通常用于显示比较简单的信息,如计算器上的液晶显示器。点阵型通常用来显示比较复杂的信息,如文字信息等。点阵型分为字符点阵型和图形点阵型。字符点阵型只能显示 ASCII 字符,图形点阵型可以显示复杂的符号,如汉字、曲线等。

4.5.1　LCD1602 的结构

　　本节以 LCD1602 为例进行讲解。LCD1602(图 4.23)是字符点阵型的液晶显示器,因其能够显示 16(列)×2(行)个字符而得名。

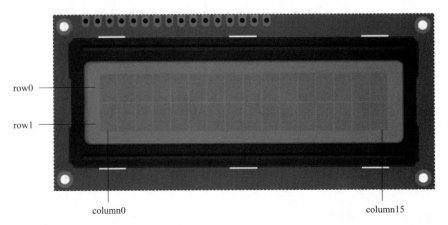

图 4.23　LCD1602

LCD1602 中集成了字库芯片,通过 LiquidCrystal 类库提供的应用程序接口(Application Programming Interface,API),可以很方便地显示文字。

LCD1602 通过点亮像素点阵中对应位置的像素点就可以构成所要显示的一个字符,同理可以显示所有其他字符。这些操作都是通过 LCD1602 中对应的寄存器和存储器完成的,这些控制信息都是通过 LCD1602 的引脚传入的。

图 4.23 所示的 LCD1602 从左至右共 16 个引脚,其功能如表 4.3 所示。

表 4.3　LCD 引脚的名称和功能

引脚编号	名　称	功　能
1	VSS	接地引脚
2	VDD	接 5 V 引脚,为 LCD 供电
3	V0	控制 LCD 的对比度,一般接电位器进行调整
4	RS	数据/指令选择,表示主板向 LCD 输出数据还是指令 高电平表示选择数据寄存器,低电平表示选择指令寄存器
5	R/W	读写信号线 高电平表示从 LCD 读操作,低电平表示向 LCD 写操作
6	E	使能端 高电平表示激活 LCD,允许主板对 LCD 进行操作
7	D0	数据总线 0(最低位),传输数据信号
8	D1	数据总线 1,传输数据信号
9	D2	数据总线 2,传输数据信号
10	D3	数据总线 3,传输数据信号
11	D4	数据总线 4,传输数据信号
12	D5	数据总线 5,传输数据信号
13	D6	数据总线 6,传输数据信号
14	D7	数据总线 7(最高位),传输数据信号
15	A	背光电源正极,接 5 V 引脚
16	K	背光电源负极,接地

4.5.2　LCD 控制库 LiquidCrystal

LiquidCrystal 是 Arduino 的官方库之一,它可以控制日立公司的 HD44780(或兼容芯片集的字符型 LCD)。在编写 LCD1602 程序前,程序中需要包含 LiquidCrystal.h 头文件,文件中声明了该类的成员函数,各成员函数如表 4.4 所示。

表 4.4　LCD 库函数

序　号	代码结构	参数及其说明
1	LiquidCrystal(rs,enable,d4,d5,d6,d7)	设置液晶参数,4 位数据
2	LiquidCrystal(rs,rw,enable,d4,d5,d6,d7)	设置液晶参数,4 位数据
3	LiquidCrystal(rs,enable,d0,d1,d2,d3,d4,d5,d6,d7)	设置液晶参数,8 位数据
4	LiquidCrystal(rs,rw,enable,d0,d1,d2,d3,d4,d5,d6,d7)	设置液晶参数,8 位数据

序　号	代码结构	参数及其说明
5	lcd. begin(cols,rows)	设置液晶行数和列数 lcd:液晶类型 cols:列数 rows:行数
6	lcd. clear()	清屏
7	lcd. home()	光标返回屏幕左上角
8	lcd. setCursor(cols,rows)	设置光标位置
9	lcd. write(data)	写入字节 data:需要写入的字符
10	lcd. print(data)	打印字符或者字符串
11	lcd. print(data,BASE)	data:要打印的数据(char、byte、int、long、String) BASE(可选)：BIN（二进制）、OCT(八进制)、 DEC(十进制)、HEX(十六进制)
12	cursor()	打开光标
13	nocursor()	关闭光标
14	scrollDisplayLeft()	字符向左滚动
15	scrollDisplayRight()	字符向右滚动
16	autoscroll()	自动滚屏
17	noAutoscroll()	关闭自动滚屏
18	leftToRight()	从左往右顺序写入
19	rightToLeft()	从右往左顺序写入
20	blink()	光标位置闪烁
21	noblink()	光标位置不闪烁
22	display()	打开显示
23	nodisplay()	关闭显示
24	createChar()	自定义字符

4.5.3　LiquidCrystal 四线模式示例

　　LiquidCrystal 库可以通过四线或者八线模式控制 LCD,由于四线模式相对于八线模式占用的端口更少,减少了 4 条数据线,所以在本节中只介绍四线模式。当然,缺点是八位的数据需要通过 4 条线来发送,那么就会导致四线模式比八线模式数据传输速度慢一些。

　　四线模式与八线模式在使用时最大的区别就在初始化阶段,其他方法的使用都与八线模式相同。四线模式的电路连接如图 4.24 所示。

　　在图 4.24 中,LCD 的 D4~D7 连接主板的数字引脚 9~6,E 与数字引脚 12 相连,R/W 与数字引脚 11 相连,RS 与数字引脚 10 相连。V0 引脚一定要连接电位器,通过调整电位器进而控制 LCD 的对比度,使显示的内容看上去更清晰。

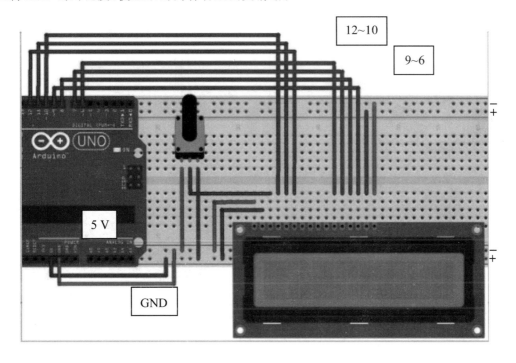

图 4.24　四线模式的电路连接图

【例 4.8】　在 LCD 上显示文字和计数器

按照图 4.24 接线。实验的具体过程请扫描二维码。

例 4.8 的实验过程

程序如下:

```
# include<LiquidCrystal.h>            //包含头文件
LiquidCrystal lcd(10,11,12,6,7,8,9);  //定义类名为 LiquidCrystal 的对象,对象名为 lcd
void setup() {
   lcd.begin(16,2);                   //设置 LCD 有几列几行,LCD1602 为 16 列 2 行
   lcd.print("hello,  world!");       //把内容打印到 LCD 上
}
void loop() {
  //set the cursor to column 0,line 1
  //(note: line 1 is the second row,since counting begins with 0):
  lcd.setCursor(0,1);
  lcd.print(millis()/1000);          //print the number of seconds since reset
}
```

程序运行结果如图 4.25 所示。

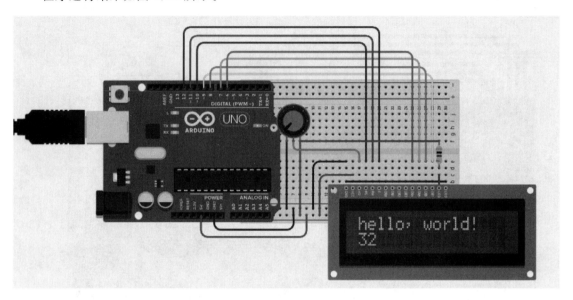

图 4.25　LCD 显示效果图

复 习 题

1. 语句"pinMode(buttonPin,INPUT_PULLUP);"启动上拉电阻输入模式,为防止轻触开关闭合时短路,故在电路中串联电阻。当轻触开关打开时,从引脚输入的电压为_____,所以 digitalRead(buttonPin)的值为_____;当轻触开关闭合时,从引脚输入的电压为_____,所以 digitalRead(buttonPin)为_____。

2. 启用 0 号中断,中断在从高电平到低电平变化后触发 blink()函数,实现此功能的语句为_____。

3. 关于 map(PotBuffer,0,1023,0,255)下列说法错误的是_____。

A. map()函数的作用是函数值缩放

B. PotBuffer 为需要缩放的变量

C. PotBuffer 变量的输出范围是 0~1 023

D. PotBuffer 变量的输出范围是 0~255

4. 蜂鸣器分为_____和_____两种。

5. 一位数码管共有_____个引脚,其中有两个 COM 口。一位数码管可分为共_____极数码管和共_____极数码管两种。共阳极数码管的 COM 口接_____引脚,共阴极数码管的 COM 口接_____引脚。

6. LCD1602 是字符点阵型的液晶显示器,因其能够显示_____(列)×_____(行)个字符而得名。

7. 在表 4.5 中补充共阴极数码管的数字段码表。

表 4.5　共阴极数码管的数字段码表(续)

段名称	h	g	f	e	d	c	b	a	对应段码
数字 2	0	1	0	1	1	0	1	1	0x5F
数字 3									
数字 4									
数字 5									
数字 6									
数字 7									
数字 8									

8. 补全以下代码,实现"hello world!"字符串在 LCD 上的滚动显示。

```
# include _____            //包含液晶显示屏头文件
LiquidCrystal _____(10,11,12,6,7,8,9);//定义一个类名为 LiquidCrystal 的对象,对象名为 lcd
void setup(){
    lcd.begin(_____);            //设置 LCD 有几列几行,LCD1602 为 16 列 2 行
    _____;               //设置光标位置,字符大致显示在屏幕第一行中间位置
    _____;               //屏幕显示"hello world!"字符串
    delay(1000);
}
void loop(){
//向右滚动 15 格,移动到显示区域以外
for(int positioncounter = 0;positioncounter < 15;positioncounter ++ )
{
    _____;               //向右移动 1 格
    delay(500);                        //等待
}
delay(2000);                           //移除右边界,等待,开始下一次循环
//向左滚动 30 格,移动到到显示区域以外
for(int positioncounter = 0;positioncounter < 30;positioncounter ++ )
{
    _____;               //向左移动 1 格
    delay(500);                        //等待
}
    delay(2000);                       //移除左边界,等待,再开始下一次循环
//向右滚动 14 格,移回中间位置
for(int positioncounter = 0;positioncounter < 14;positioncounter ++ )
{
    lcd.scrollDisplayRight();//向右移动 1 格
    delay(500);//等待
}
}
```

　　将以上代码下载到 Arduino 控制板后,就可以看到"Hello World!"先从右向左循环滚动显示,再向右滚动,向左滚动。可以看到,即使不了解 LCD1602 的技术细节,也可以很容易地通过库来使用它。

　　在 LCD 的使用过程中,字符的定位是必须掌握的,例如,将"Hello World!"显示在第一行的中间位置,这就需要使用 LiquidCrystal 库中的 setCursor()函数。

第5章 传感器及其应用

人有视觉、听觉、嗅觉、触觉等由身体器官所产生的感觉,这些感觉可以帮助我们了解周围的环境,大脑据此做出判断,对人的肢体等发出某种行为指令。对基于 Arduino 的机器人来讲,Arduino 控制板相当于人的大脑,机械结构相当于人的四肢,要想让机器人变得更加智能,像人一样,还需要给它安装可以感知周围环境的器件,也就是我们要讲的传感器。

传感器是能感受规定的被测量并按照一定的规律(数学函数法则)将其转换成可用输出信号的器件和装置。传感器通常由敏感元件和转换元件组成。敏感元件是指传感器中能直接感受或响应被测量的部分;转换元件是指传感器中能将敏感元件感受或响应的被测量转换成适于传输或测量的电信号的部分。由于传感器的输出信号一般都比较微弱,需要将信号进行放大或调制等,所以传感器模块中还要包含信号转换电路。传感器的组成如图 5.1 所示。

图 5.1　传感器组成框图

5.1　灰度传感器

灰度传感器主要用于检测不同颜色的灰度值,用于在各种轨迹比赛中使小车沿黑线行走或场地灰度识别。

5.1.1　灰度传感器的组成和工作原理

灰度传感器如图 5.2 所示,在灰度传感器的背面有一个发光二极管和一个光敏电阻,在它们的外面都套有遮光罩,可增加抗干扰性。灰度传感器有 3 个引脚,即信号输出引脚(OUT)、地(GND)、电源(VCC),使用时分别对应 Arduino 控制板的模拟引脚、GND、+5 V 引脚。

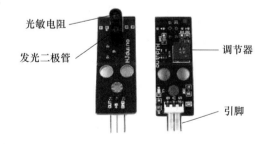

图 5.2　灰度传感器

其工作原理为:灰度传感器的发光二极管发出高聚光的白光或红光,照射在被测量表面上,被测面的颜色越深,光线吸收越多,反射光的强度越弱;被测面的颜色越浅,光线吸收越少,反射光的强度越强。光敏电阻接收到不同检测面的反射光,其阻值也随之改变,从而进行颜色深浅检测。

灰度传感器是模拟传感器,在使用时返回数值为 0～1 023。颜色越淡,则数值越小;颜色越深,则数值越大。

5.1.2　灰度传感器的测试和调节

灰度传感器的安装应当贴近地面且与地面平行,使用前最好测试一下探测距离和有效距离,这样才能更加灵敏并且有效地检测到信号。探测距离指的是探头底部离地的距离,有效距离一般为 10～25 mm,具体使用情况还需要测试确定。

灰度传感器上配有检测颜色返回模拟量大小的调节器,欲检测给定的颜色时,可以将发射/接收头置于给定颜色处,配合调节器即可调出合适的返回模拟量。将调节器沿逆时针方向旋转,返回的模拟量变大;将调节器沿顺时针方向旋转,返回的模拟量变小。

通过 IDE 中的串口监视器观察反馈值,将其调节到需要的数值为止。在用螺丝刀旋转调节器时,不要旋得太快,也不要太用力,以防旋坏,在发现旋不动时,应立即停止。

其接线方法为:将灰度传感器的输出引脚接 Arduino 模拟口(A0～A5),电源(VCC)接 Arduino 控制板的+5 V 引脚,同时把传感器与 Arduino 控制板的两个接地端相连。

测试程序如下:

```
void setup()
{
    Serial.begin(9600);                      //串口波特率
}
void loop()
{
    Serial.println(analogRead(A0));          //定义 A0 口为传感器数据输入接口
    delay(200);                              //延时 200 ms
}
```

把上面的测试程序用 IDE 软件编译下载到 Arduino Uno R3 控制板上,打开 IDE 的串口监视器,就可以看到灰度传感器的变化模拟值,改变被测物体表面的颜色,记录不同颜色的返回值。当改变灰度传感器到检测面的距离或者改变外界光源的强弱时,记录灰度传感器的值有没有变化。通过测试可以发现,测量结果的准确性与很多因素有关。

① 测量结果的准确性与传感器到检测面的距离是有直接关系的。

② 外界光线的强弱对测量结果的准确性影响非常大,进行项目检测时,应尽量避免外界光的干扰。

③ 检测面的材质不同也会引起返回值的差异。

在项目应用过程中,当需要判断小车行走的轨迹时,可通过程序根据读到的测量值进行判断。在使用前进行测试,假如白色区域测量值为 100,黑色区域测量值为 300,那么可以将这两个值的中间值 200 作为阈值进行判断。例如,当实际测量值小于 200 时,认为传感器在白色区域,小车执行相应的一种操作;当实际测量值大于 200 时,认为传感器是在黑色区域,小车将执行另一种操作。

5.2　红外反射式传感器

红外反射式传感器与灰度传感器的原理有些相似,所不同的是红外反射式传感器的二极管发射的是红外光,而灰度传感器的二极管发射的是可见光。最常见的红外反射式传感器是 TCRT5000 传感器模块,外形如图 5.3 所示,内部结构如图 5.4 所示。

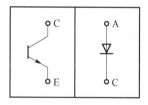

图 5.3　TCRT5000 传感器模块的外部结构　　　图 5.4　TCRT5000 传感器模块的内部结构

如图 5.5 所示,TCRT5000 传感器模块有一个蓝色元件和一个黑色元件,其中蓝色元件是红外发光二极管,黑色元件是一个可接收信号的光敏三极管。除此以外,TCRT5000 传感器模块还带有比较器输出,并有电位器调节灵敏度。该传感器共有 4 个引脚,即 VCC、GND、DO、AO。VCC 接电源正极(+5 V);GND 接电源负极;DO 为数字信号输出(0 或 1),接主板的数字引脚;AO 为模拟信号输出,接主板的模拟引脚,不同距离输出不同的值,此引脚一般可以不接。

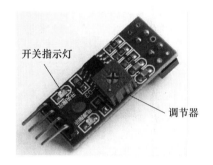

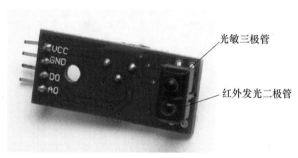

图 5.5　TCRT5000 传感器模块

其工作原理为:当红外发光二极管的红外信号经反射被光敏三极管接收后,光敏三极管的电阻会发生变化,这种变化在电路上一般以电压的形式体现出来,经过 ADC 或 LM393 等电路整形后输出结果。电阻的变化取决于光敏三极管所接收的红外信号强度,常表现在反射面的颜色和反射面光敏三极管的距离两个方面。

当发的红外线没有被反射回来或被反射回来但强度不够大时,例如,车子在黑色轨道上,红外线被黑色吸收,光敏三极管一直处于关断状态,此时模块的模拟输出端 AO 为高电平,数字输出端 DO 为 1;当被检测物体出现在检测范围内时,红外线被反射回来且强度足够大,例如,车子进入白色区域内,红外线被反射回来,光敏三极管饱和,此时模块的输出端 AO 为低电平,数字输出端 DO 为 0。当被测表面间对比不是很强烈时,通过调节可变电阻 VR 来调整传感器的灵敏度,如图 5.6 所示。

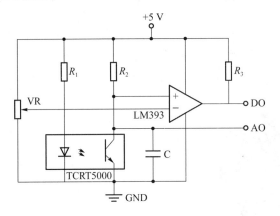

图 5.6　TCRT5000 传感器模块电路

5.3　超声波测距传感器

物体振动在弹性介质内的传播称为波动,简称波。人耳所能听到的声波频率一般为 $20 \sim 2 \times 10^4$ Hz;频率低于 20 Hz 的声波,称为次声波;频率高于 2×10^4 Hz 的声波,称为超声波。超声波在军事、工业、医学以及农业上有很多应用,如测速、测距、消毒、焊接、清洗和碎石等。

超声波测距传感器在工作时将电压和超声波进行互相转换,当超声波测距传感器发射超声波时,超声波的发射探头将由电压转化的超声波发射出去;当接收超声波时,超声波接收探头将由超声波转化的电压回送到单片机控制芯片。超声波具有振动频率高、波长短、绕射现象不明显、方向性好、能够成为射线而定向传播等优点。超声波测距传感器的能量消耗慢,有利于测距。在中、长距离测量时,超声波测距传感器的精度和方向性都大大优于红外线传感器,但其价格也稍贵。从安全性、成本、方向性等方面综合考虑,超声波测距传感器更符合设计要求。

本节将介绍常见的超声波模块 HC-SR04。

5.3.1　超声波模块 HC-SR04

HC-SR04 是一个集成的模块,它可以保证在 2 450 cm 的范围内有 0.2 cm 的精度。它有 Vcc、Trig、Echo、Gnd 共 4 个引脚,如图 5.7 所示。

图 5.7　HC-SR04

HC-SR04 的两个主要引脚为 Trig 和 Echo,Trig 接收主板的触发信号,Echo 输出回响信号给主板。

超声波测距的原理是通过超声波发射器向某一方向发射超声波,在发射的同时开始计时,超声波在空气中传播时遇到障碍物立即反射回来,超声波接收器收到反射波立即停止计时。超声波在空气中的传播速度为 C,而根据计时器记录的发射和接收超声波的时间差 t 就可以计算出发射点距障碍物的距离 D,即

$$D = C\,\frac{t}{2}$$

式中:C 为声波的速度,计算时取 340 m/s;t 可以通过 pulseIn() 函数获得,单位为微秒(μs),该函数用法如下:

```
pulseIn(pin,value);
```

其中:pin 为需要读取脉冲的引脚 Echopin,即与超声波模块 Echo 引脚相连的 Arduino 数字引脚;value 为需要读取的脉冲类型,即 HIGH 或 LOW。

考虑到单位统一问题,

$$D = \frac{340 \times 10^2 \text{ cm}}{10^6 \ \mu\text{s}} \times \text{pulseIn}(\text{Echopin}, \text{HIGH}) \times \frac{1}{2} \ \mu\text{s}$$

$$\approx \frac{\text{pulseIn}(\text{Echopin}, \text{HIGH})}{58} \text{ cm}$$

图 5.8 为超声波时序图。

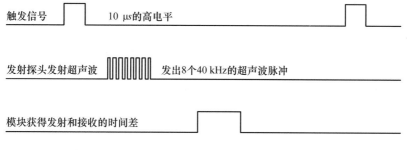

图 5.8　超声波时序图

HC-SR04 的使用方法如下。

① 通过 Arduino 数字引脚给 HC-SR04 的 Trig 引脚至少 10 μs 的高电平信号,触发 HC-SR04 模块。

② 触发后,模块会自动发送 8 个 40 kHz 的超声波脉冲,并自动检测是否有信号返回,这一步会在模块内部自动完成。

③ 如有信号返回,Echo 引脚会输出高电平,高电平持续的时间就是超声波从发射到返回的时间。此时,使用 pulseIn() 函数获取测距的往返时间。

5.3.2　超声波模块 HC-SR04 应用示例

【例 5.1】　超声波测距

通过串口显示超声波模块到被测物体的距离。实验的具体过程请扫描二维码。

例 5.1 的实验过程

超声波测距电路比较简单,只需要把 Vcc 与主板的 5 V 引脚相连,把 Gnd 与主板的 GND

引脚相连。在图 5.9 中,另外两个引脚 Trig 和 Echo 分别与数字端口 8 和 9 相连。

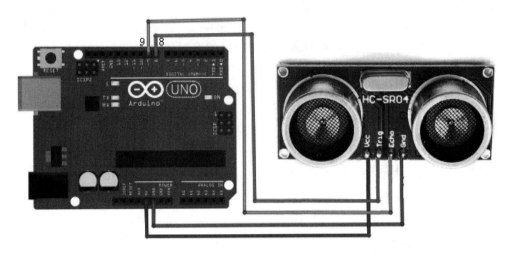

图 5.9 例 5.1 电路连接图

程序如下:

```
const int trigPin = 8;                          //定义触发引脚
const int echoPin = 9;                          //定义反馈引脚
int intervalTime;
//初始化
void setup() {
  pinMode(trigPin,OUTPUT);                       //触发引脚设置为输出
  pinMode(echoPin,INPUT);                        //反馈引脚设置为输入
  Serial.begin(9600);
}
//主循环
void loop() {
  digitalWrite(trigPin,LOW);                     //置低电平
  delayMicroseconds(2);                          //延时 2 μs 低电平
  digitalWrite(trigPin,HIGH);                    //置高电平
  delayMicroseconds(10);                         //延时 10 μs,触发 HC-SR04 模块
  digitalWrite(trigPin,LOW);                     //设为低电平
  intervalTime = pulseIn(echoPin,HIGH);          //用自带的函数采样反馈的高电平的宽度,单位为 μs
  float S = intervalTime/58.00;                  //使用浮点类型,计算距离,单位为 cm
  Serial.println(S);                             //通过串口输出距离数值
  S = 0;
  delay(500);                                    //延时间隔决定采样的频率,根据实际需要变换参数
}
```

5.4　温度传感器

5.4.1　温度传感器 LM35

如图 5.10 所示,温度传感器 LM35 共有 3 个引脚,两端的引脚分别是 5 V 引脚和 GND 引脚,中间的是信号引脚。

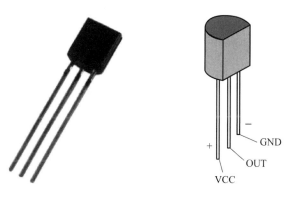

图 5.10　温度传感器 LM35

LM35 能感受外界环境温度的变化,当环境温度发生改变时,温度传感器 LM35 的输出值也会发生变化。

如图 5.11 所示,将温度传感器 LM35 接入电路中。在连接时应注意,将"LM35"标志的一面正向放置,左端的引脚接 Uno 主板的 5 V 引脚,右端的引脚接 Uno 主板的 GND 引脚,中间的引脚接 Uno 主板的 A0 模拟引脚,用于 LM35 和 Uno 主板之间信号的传递。工作时,环境温度发生变化,温度传感器 LM35 两端的电压也会发生变化。

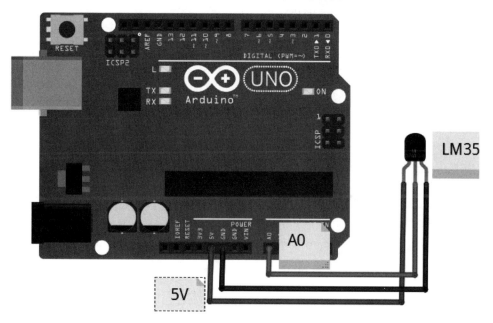

图 5.11　温度传感器 LM35 的电路连接

以图 5.11 为例,计算环境温度的步骤如下。

① 读取 A0 引脚的模拟值 val:

$$val = analogRead(A0)$$

② 写出温度传感器 LM35 输出引脚的电压 V_{OUT_LM35} 与模拟值 val 的关系表达式:

$$\frac{5}{V_{OUT\_LM35}} = \frac{2^{10}-1}{val}$$

其中,5 是为电路的供电电压 5 V,V_{OUT_LM35} 是温度传感器两端的电压值,$2^{10}-1$(2 013)是模拟信号量的最大值。

③ 计算 V_{OUT_LM35},并把单位由 V 变为 mV,则温度传感器两端的电压值 V_{OUT_LM35} 为

$$V_{OUT\_LM35} = \frac{5\ V \times val}{1\ 023} = \frac{5\ 000\ mV \times val}{1\ 023} = \frac{5\ 000 \times val}{1\ 023}mV = 4.887\ 6val\ mV$$

④ 由于 LM35 温度传感器两端的电压值与环境温度之间是线性关系,当环境温度为 0 ℃ 时,温度传感器 LM35 两端的电压值为 0 mV。环境温度每升高 1 ℃,温度传感器 LM35 两端的电压将升高 10 mV。因此,环境温度值 T 为

$$T = \frac{V_{OUT\_LM35}}{10} = 0.488\ 76val\ ℃$$

可以看出,传感器输出引脚的电压 V_{OUT_LM35}、模拟引脚的输入值 val 以及环境温度 T 三者间都呈线性关系。

5.4.2　温度传感器应用示例

【例 5.2】 用温度传感器 LM35 测量物体的温度

电路参见图 5.11,注意 LM35 的正负极不要接错。

程序如下:

```
int LM35 = A0;                    //定义模拟接口 A0 连接温度传感器 LM35
int val;                          //定义变量
int dat;                          //定义变量
void setup() {
Serial.begin(9600);               //设置波特率
}
void loop() {
val = analogRead(LM35);           //读取传感器的模拟值并将值赋给 val
dat = 0.48876 * val;              //温度计算公式
Serial.print("Temperature:");     //原样输出并显示"Temperature:"字符串,其代表温度
Serial.println(dat);              //输出并显示 dat 的值
delay(2000);   //延时 2 s
}
```

将上面的代码下载到 Arduino 控制板后,打开串口监视器,可查看结果,结果如图 5.12 所示。

图 5.12 运行结果

如果没有温度传感器,可通过在线的仿真软件进行设计和调试,网址为 https://www.tinkercad.com,在使用时用户需要注册。用户注册完成后就可以登录了。在初始页面中左侧选项卡处选中"Circus",单击"创建新电路",这样就可以利用页面提供的模块搭建一个电路图,按照图 5.13 设计好以上电路。把上面的程序复制到代码文本区。单击页面的"开始模拟"按钮,当选中 TMP 传感器时,在它的上方会出现一个温度调节滑块,在串口监视器中将会显示其对应的温度值。

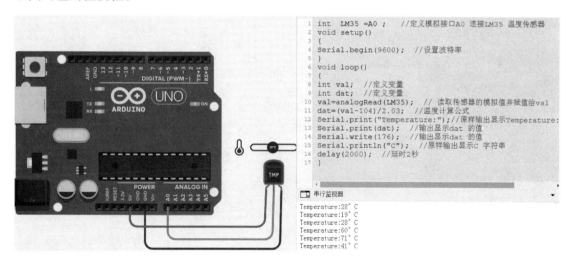

图 5.13 电路连接与运行结果

【例 5.3】 用温度传感器 TMP36 测量环境温度

实验要求:利用温度传感器 TMP36 测量当前环境的温度值,将温度值在 LCD1602 上显示。在 Tinkercad 中,实现温度传感器 TMP36 的测试效果。

实验器材:Arduino 主板一块、实验电路板一块、跳线若干、温度传感器 TMP36 一个、LCD1602 一个。

(1) 电路设计

实验电路如图 5.14 所示。实验的具体过程请扫描二维码。

例 5.3 的实验过程

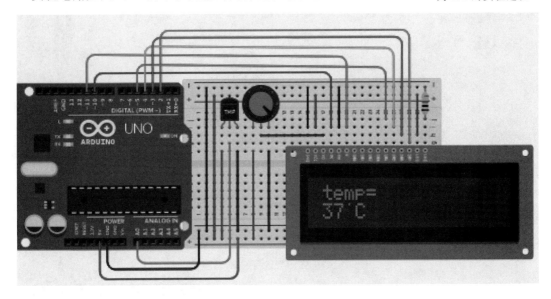

图 5.14 例 5.3 电路连接图

(2) 程序示例

```
#include<LiquidCrystal.h>
LiquidCrystal  lqcy(10,11,5,4,3,2);
int tmpPin = A0;
int val = 0;
float temp = 0;
void setup()
{
lqcy.begin(16,2);
Serial.begin(9600);
lqcy.setCursor(0,0);
}
void loop() {
  val = analogRead(tmpPin);
  temp = (val - 104)/2.03;
  Serial.print(val);
  Serial.print("   ");
  Serial.print(temp,0);
  Serial.write(176);
  Serial.println("C");
  lqcy.print("temp = ");
  lqcy.setCursor(0,1);
  lqcy.print(temp,0);
```

```
lqcy.print(char(176));
lqcy.print("C");
delay(2000);
lqcy.clear();
}
```

补充说明:temp＝(val－104)/2.03 是怎么计算得来的? 表 5.1 列出了环境温度与温度传感器的反馈值之间的对应关系。

表 5.1　温度传感器 TMP36 的测试数据

环境温度	analogRead(tmpPin) 反馈值
0 ℃	104
100 ℃	307
环境温度 temp	val＝analogRead(tmpPin)

$$\frac{val-104}{307-104}=\frac{temp-0\ ℃}{100\ ℃-0\ ℃}$$

$$temp＝(val-104)/2.03$$

式中,104 是环境温度为 0 ℃时从 A0 引脚读取到的模拟值;307 是环境温度为 100 ℃时从 A0 引脚读取到的模拟值。由于温度传感器 TMP36 的模拟值与温度之间是线性关系,可通过 analogRead(tmpPin)语句获得当前环境温度下的 val 数值。因此,所求 temp 为环境温度。

5.5　温湿度传感器

5.5.1　温湿度传感器 DHT11

温湿度传感器是集温度和湿度检测于一体的传感器。常用的温湿度传感器是 DHT11, DHT11 对相对湿度的检测精度为 1%,对温度的检测精度为 1 ℃。其外形如图 5.15 所示。

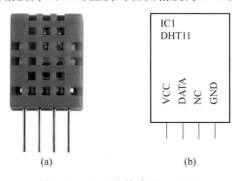

图 5.15　温湿度传感器 DHT11

DHT11 的引脚由左到右分别为电源引脚(VCC)、数据引脚(DATA)、空引脚(NC,该引脚在使用时应该悬空)和接地引脚(GND)。

DHT11 非常适合与 Arduino 控制板一起使用,因为其供电电压为 3～5.5 V,因此可以直接接入 Arduino 控制板。

DHT11 会将温湿度数据从 DATA 引脚输出,一次完整输出 40 bit 的数据。其数据格式如下:8 bit 湿度整数数据＋8 bit 湿度小数数据＋8 bit 温度整数数据＋8 bit 温度小数数据

＋8 bit 校验和。"8 bit 校验和"用来检验传回的数据是否完整,正确传输数据"8 bit 湿度整数数据＋8 bit 湿度小数数据＋8 bit 温度整数数据＋8 bit 温度小数数据"所得结果的末 8 位应该等于"8 bit 校验和",一次通信的时间为 4 ms 左右。使用第三方库 DHT 接收数据和检测数据的正确性。与之前的传感器类似,这里使用一个简单的代码来读取 DHT11 检测到的温度。

5.5.2　温湿度传感器的库函数

使用 DHT11 温湿度传感器需要用到 dht 类库,dht 类只有一个成员函数 read()。

该函数的功能为:读取 DHT11 传感器的数据,并将温、湿度数值分别存入 temperature 和 humidity 两个成员变量中。为了说明 read()的使用,需要定义一个 dht 类型的对象。

```
dht  DHT;
```

其中,dht 为类型,DHT 为对象。

读函数语法如下:

```
DHT.read(pin);
```

参数说明如下:
- DHT 为一个 dht 类型的对象;
- pin 为 DHT11 的数据引脚与 Arduino 控制板连接的引脚号。

返回值为 int 型,为下列值之一:
- 0,对应宏 DHTLIB_OK,表示接收到数据且校验正确;
- －1,对应宏 DHTLIB_ERROR_CHECKSUM,表示接收到数据但校验错误;
- －2,对应宏 DHTLIB_ERROR_ TIMEOUT,表示通信超时。

5.5.3　温湿度传感器应用示例

按照图 5.13 所示的方式连接电路。DHT11 的所有数据都是从 DATA 引脚输出的,在图 5.16 中,DATA 引脚接在了 Arduino 的 2 号端口上,接收到的数据可以通过 dht 库方便地解析。

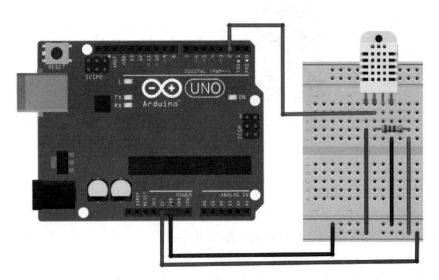

图 5.16　DHT11 连接示意图

【**例 5.4**】 使用 dht 库读取 DHT11 检测到的温、湿度

（1）电路设计

实验电路如图 5.16 所示。实验的具体过程请扫描二维码。

（2）程序代码

例 5.4 的实验过程

```
#include<dht.h>
dht DHT;
#define DHT11_PIN 2                      //主板的数字引脚2与传感器的数据引脚相连
  void setup()
  {
    Serial.begin(9600);
    Serial.println("Type,\tstatus,\tHumidity(%),\tTemperature(C)");
  }

    void loop()  {
    Serial.print("DHT11,\t");
    int chk = DHT.read11(DHT11_PIN);       //读数据
    switch(chk)  {
      case 0:
        Serial.print("OK,\t");
        break;
      case 1:
        Serial.print("Checksum error,\t");
        break;
      case 2:
        Serial.print("Time out error,\t");
        break;
      default:
        Serial.print("Unknown error,\t");
        break;
    }
    //显示数据
    Serial.print(DHT.humidity,1);        //格式化输出湿度,小数点后保留1位
    Serial.print(",\t");                 //"\t"代表跳至下一个制表符位置,规定每8格是一个制表符
    Serial.println(DHT.temperature,1);//格式化输出温度,小数点后保留1位
  delay(1000);
  }
```

因为两次读取传感器数据的时间间隔应大于 1 s，所以加入了延时函数。

将上面的代码下载到 Arduino 控制板后，打开串口监视器，就可以看到图 5.17 所示的输出。图 5.17 中 status 列即为校验码，只有状态为 OK 的时候输出的温、湿度才是正确的。因此，在其他程序中使用 DHT11 以及 DHT 第三方库时必须进行校验码的检测。

图 5.17　温、湿度的串口显示结果

5.6　人体红外传感器

在现代生活中,人体红外传感器应用非常广泛,在安全系统的报警装置,酒店、商店等的自动开关门,以及公共场所应用的自动开关灯等场合都有应用。常用的人体红外传感器 HC-SR501 因其价格低廉、技术性能稳定而受到广大用户的欢迎。

5.6.1　HC-SR501 的组成与工作原理

HC-SR501 如图 5.18 所示,其核心由一个热释电元件、干涉滤光片和场效应管匹配器 3 部分组成。除此之外,还有一个重要的组成部分,叫作菲涅尔透镜,它被用来把红外线聚焦到热释电元件上,从而提高传感器的检测性能。

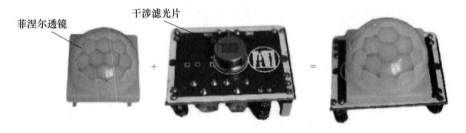

图 5.18　HC-SR501 的结构

HC-SR501 是利用热释电效应的原理工作的,原理示意如图 5.19 所示。所谓热释电效应,就是极化强度随温度的改变而表现出电荷释放的现象。HC-SR501 包含两个互相串联的热释电元件,而且两个电极化方向正好相反,环境背景辐射对两个热释元件几乎具有相同的作用,使其产生的释电效应相互抵消,于是探测器无信号输出。当一个人走进它的感测范围之后,人有恒定的体温,一般在 37 ℃ 左右,人体会发出波长为 9.6~10 μm 的红外线。人体发射的红外线通过菲涅尔透镜增强、滤光后,聚集到热释电元件上,但两片热释电元件接收到的热量不同,释放的电子也不同,不能抵消,经信号处理而报警。

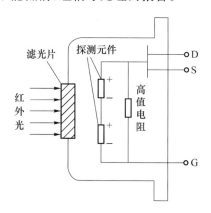

图 5.19　HC-SR501 原理示意图

这种探测是依靠人体移动进行的,而探测元件本身并不主动靠近目标,所以 HC-SR501 是被动式热释电红外传感器。

5.6.2　HC-SR501 的使用说明

如图 5.20 所示,HC-SR501 的右边有 3 个引脚,除了基本的 VCC 和 GND 外,中间有一个 OUT 引脚。HC-SR501 是数字传感器,当探测到一个人时,OUT 引脚输出高电平(1);否则, 输出低电平(0)。下面有两个橙色电位器,其中:一个是距离调节,用来调整感测器的灵敏度; 另一个是延时调节,用来使对象被侦测到时,输出信号为高电平(可调范围为 0.3 s~5 min)。

另外,左边还有 3 个引脚,可以两两组成跳线(跳帽),用来选择触发(用来刺激传感器工 作)的模式。当连接下面两个引脚时,表示执行不可重复的触发模式,也就是说在传感器输出 高电位的延迟时间过了之后,输出会自动从高位拉低;当接上面两个引脚时,表示执行可重复 的触发模式,即感应输出高电平后,在延时时间段内,如果有人体在其感应范围内活动,其输出 将一直保持高电平,直到人离开后才延时将高电平变为低电平(感应模块检测到人体的每一次 活动后会自动顺延一个延时时间段,并且以最后一次活动的时间为延时时间的起始点)。

图 5.20　HC-SR501 的引脚

5.6.3　HC-SR501 应用示例

【**例 5.5**】　人体感应自动开关 LED

（1）电路设计

电路连接如图 5.21 所示。在图 5.21 中，人体感应模块的输出引脚连接 Arduino 的 13 号端口，LED 正极连接 5 号端口，负极串联电阻后接 GND。实验的具体过程请扫描二维码。

例 5.5 的实验过程

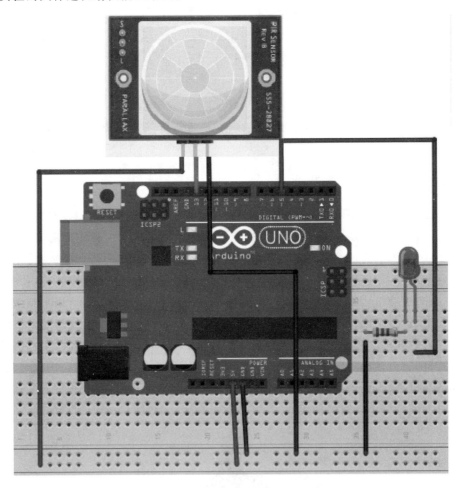

图 5.21　例 5.5 的电路连接图

（2）程序示例

```
int ledPin = 5;
int PIRSensor = 13;                //PIR 模块信号引脚连接 13
int state = 0;
void setup()
{
  Serial.begin(9600);
  pinMode(ledPin,OUTPUT);
```

```
    pinMode(PIRSensor,INPUT);
}
void loop(){
state = digitalRead(PIRSensor);
if(state = = HIGH){
Serial.println("There is somebody moving");
digitalWrite(ledPin,HIGH);}
else
{
Serial.println("There isn't somebody moving");
digitalWrite(ledPin,LOW);}
delay(100);//延时 100 毫秒
}
```

例5.5 只是控制 LED 亮灭变化以及串口监视显示。如果真的要使用在自动冲水系统或街道照明上,就要接上其他控制电路,如继电器。

复 习 题

1. 不能用于寻迹的传感器是_____。

    A. 超声波传感器   B. 灰度传感器   C. 近红外传感器   D. 白标传感器

2. 不能用于避障的传感器是_____。

    A. 触碰传感器   B. 触须传感器   C. 超声波传感器   D. 灰度传感器

3. HC-SR04 的两个主要引脚为 Trig 和 Echo,_____引脚接收主板的触发信号,_____引脚输出回响信号给主板。

4. 灰度传感器的发光二极管发出高聚光的白光或红光,照射在被测量表面上,被测表面的颜色越深,吸收的光线越_____,反射光的强度越_____;被测表面的颜色越浅,吸收的光线越_____,反射光的强度越_____。光敏电阻接收到不同检测面的反射光,其阻值也随之改变。灰度传感器作为模拟传感器使用时,颜色越淡,数值越_____,颜色越深,数值越_____。

5. 灰度传感器作为模拟传感器使用时,传感器的输出引脚接入 Arduino 控制板的_____引脚,传感器的 VCC 引脚接入 Arduino 控制板的_____引脚,传感器的 GND 与 Arduino 控制板的_____引脚相连。

6. 红外反射式传感器与灰度传感器的原理有些相近,所不同的是红外反射式传感器发射的是_____,而灰度传感器发射的是_____。灰度传感器的背面有一个_____和一个_____电阻,在它们的外面都套有_____,可增加抗干扰性。红外反射式传感器有一个蓝色元件和一个黑色元件,其中蓝色元件是_____,黑色元件是一个可接收信号的_____。

7. HC-SR501 是利用_____效应的原理工作的。它的右边有 3 个引脚,除了基本的 VCC 和 GND 外,中间有一个_____引脚。HC-SR501 是数字传感器,当探测到人时,OUT 引脚输出_____电平;否则,输出_____电平。

8. 根据图 5.22 连接电路,并将代码补充完整(超声波测距)。

图 5.22　超声波测距电路连接图

```
int Trigpin = 8;
int Echopin = 9;
float distance;
void setup()
{
pinMode(Trigpin,_____);              //设置 Trigpin 模式
pinMode(Echopin,_____);              //设置 Echopin 模式
Serial.begin(9600);
}
void loop()
{
digitalWrite(Trigpin,LOW);
delayMicroseconds(2);
digitalWrite(Trigpin,_____);
delayMicroseconds (_____);               //延迟 10 μs
digitalWrite(Trigpin,LOW);
distance = _____;                    //计算距离
_____;                               //在串口监视器中显示距离值
}
```

9. 设计一个人体检测语音警报系统。

10. 利用 LM35 温度传感器测量当前环境的温度值,并将温度值显示在 LCD1602 上。

第6章 无线通信模块及其应用

6.1 蓝 牙 通 信

蓝牙(Bluetooth)最初是由爱立信公司发明的一项无线技术标准,可实现固定设备和移动设备近距离无线数据交换。其在电信、计算机、网络与消费性电子产品等领域被广泛应用。蓝牙设备的工作频段选在全球通用的 2.4 GHz 的 ISM 频段,这样用户不必经过申请,便可以在 2 400～2 500 MHz 选用适当的蓝牙无线电收发器频段,同时该频段具有抗干扰性强、不易被窃听的优点。

6.1.1 蓝牙模块

HC05 和 HC06 是现在使用较多的两种蓝牙模块。两者之间的区别是:HC05 是主从一体机,同时具有主机(master)和从机(slave)两种工作角色,既可以接收主机发来的命令,也可以向从机下达命令,在出厂前已默认为从机角色,可以使用 AT 命令来更改角色;而 HC06 只具有主机或从机其中的一种工作角色,在出厂前已经设置好,不能再使用 AT 命令来更改,在很多情况下,蓝牙设备只需要接收上级命令即可,所以市售的 HC06 模块多是从机角色。

蓝牙模块 HC05 有 6 个引脚,如图 6.1 所示。

图 6.1 蓝牙模块 HC05

① KEY:设置工作模式。当 KEY 引脚接低电平或者悬空时,蓝牙模块工作在自动连接的模式下,蓝牙进入常规工作状态;当连接高电平时,蓝牙模块工作在 AT 命令响应工作状态,可进行蓝牙参数的设置。

② VCC:用于连接＋5 V 的电源引脚。蓝牙模块 HC05 的工作电压为 3.3 V,由于模块具有板载 3.3 V 稳压器,因此可以提供＋5 V 电源。此引脚接 Arduino 的 5 V 端口。

③ GND:接地引脚,接 Arduino 的 GND 端口。

④ TXD:蓝牙串口的发送引脚,接 Arduino 的 RX(0)端口。

⑤ RXD:蓝牙串口的接收引脚,接 Arduino 的 TX(1)端口。

⑥ STATE:状态指示引脚,连接 LED。当模块未连接到任何设备时,此引脚为低电平输出;当模块与任何设备配对成功后,此引脚变为高电平。

图 6.2 为蓝牙模块 BT04,该模块的引脚含义及说明同上,但它只外接 4 个引脚,即 VCC、GND、TXD、RXD,使用起来更加简单。

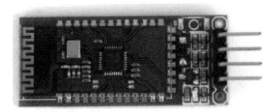 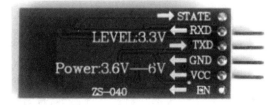

图 6.2　蓝牙模块 BT04

6.1.2　蓝牙模块的工作模式

蓝牙模块 HC05 可配置为两种工作模式:自动连接模式和命令模式。

1. 自动连接模式

当 KEY 引脚接低电平或者悬空时,蓝牙模块会进入自动连接模式。在自动连接模式下,连接设备间又分为主机、从机、回环 3 种角色。主机会自动搜索配对从设备,从机只能被动接受连接,不会主动搜索其他设备,回环角色(接收主机数据并将数据原样返回给主机)属于被动连接。主机可以和从机配对,但从机之间不可以配对。如果两个 HC05 模块要建立连接,其中一个必须设置为主机,另一个可以设置为从机或回环角色。如果一个 HC05 模块和计算机蓝牙或者手机蓝牙通信,一般计算机或手机会主动建立连接,所以 HC05 使用从机角色,出厂默认也设置为从机角色。

当配对成功后,HC05 才能进入无线数据传输状态。配对后将其当作固定波特率的串口使用即可。

2. 命令模式

当 KEY 引脚连接高电平(3.3 V)时,蓝牙模块工作在 AT 命令模式下。在命令模式下,计算机可以与蓝牙通信模块通过 AT 命令配置模块的各种设置和参数,如获取固件信息、更改波特率、更改模块名称、将其设置为主机或从机等。模块默认波特率为 9 600,默认名称为 HC05,默认配对密码为 1234,默认从机角色。蓝牙模块 HC05 的 AT 指令如表 6.1 所示。蓝牙模块 BT04 的 AT 指令如表 6.2 所示。

表 6.1　蓝牙模块 HC05 的 AT 指令

指　令	返　回	功　能
AT	OK	测试指令,确认是否连接
AT+RESET	OK	模块复位(重启)
AT+VERSION?	+VERSION:<Param> OK	查看版本 Param 为软件版本号
AT+ORGL	OK	恢复默认状态

续表

指　令	返　回	功　能
AT＋NAME？	＋NAME：＜Param＞ OK	查询设备名称 Param 为蓝牙设备名称,默认名称为"HC-05"
AT＋NAME＝＜Param＞	OK	设置蓝牙名称 Param 为蓝牙设备需要设置的名称
AT＋ROLE＝＜Param＞	OK	设置蓝牙角色 Param 取值如下： • 0——从机(slave) • 1——主机(master) • 2——回环(slave-loop) 默认值为 0
AT＋ROLE？	＋ROLE：＜Param＞ OK	查询蓝牙角色 返回值 Param 有 0、1、2,意义同上说明
AT＋PSWD＝＜Param＞	OK	设置配对码 Param 为需要设置的配对码
AT＋PSWD？	＋PSWD：＜Param＞ OK	查询配对码 Param 为配对码,默认为"1234"
AT＋UART＝＜Param1＞, ＜Param2＞,＜Param3＞	OK	设置蓝牙串口参数 ① Param1 为波特率(bit/s)。取值如下(十进制)： 4 800, 9 600,19 200,38 400,57 600,115 200,23 400 ② Param2 为停止位： • 0——1 位 • 1——2 位 ③ Param3 为校验位： • 0——None • 1——Odd • 2——Even 默认设置为 9600,0,0
AT＋UART？	＋UART：＜Param1＞, ＜Param2＞,＜Param3＞ OK	查询蓝牙串口参数 Param1、Param2、Param3 参数值和意义同上 反馈例如：＋UART：9600,0,0 　　　　　 OK
AT＋ADDR	＋ADDR：＜Param＞ OK	查询蓝牙串口地址(查询从机地址) 反馈例如：＋ADDR：2018:12:141264 　　　　　 OK
AT＋CMODE＝ ＜Param＞	OK	设置连接模式 0 为只对特定蓝牙地址的配对模式
AT＋BIND＝＜Param＞	OK	主机绑定从机的蓝牙地址 Param 为从机蓝牙地址 注意:将查询地址中的冒号改为逗号 设置例如:AT＋BIND＝2018,12,141264
AT＋BIND？	＋BIND：＜Param＞ OK	主机查询绑定的从机蓝牙地址 反馈例如：＋BIND：2018:12:141264 　　　　　 OK

表 6.2　蓝牙模块 BT04 的 AT 指令

指　　令	返　　回	功　　能
AT	OK	测试指令,确认是否连接
AT+RESET	OK	模块复位(重启)
AT+VERSION	+VERSION=<Param>	查看版本 Param 为软件版本号
AT+DEFAULT	OK	恢复默认状态
AT+NAME	+NAME=<Param>	查询设备名称 Param 为蓝牙设备名称,默认名称为"BT04－A"
AT+NAME<Param>	+NAME=<Param> OK	设置蓝牙名称 Param 为蓝牙设备需要设置的名称
AT+ROLE<Param>	+ROLE=<Param> OK	设置蓝牙角色 Param 取值如下: • 0——从机(slave) • 1——主机(master) 默认值为 0
AT+ROLE	+ROLE=<Param>	查询蓝牙角色 返回值 Param 有 0、1,意义同上
AT+PIN<Param>	+PIN=<Param> OK	设置配对码 Param 为需要设置的配对码
AT+PIN	+PIN=<Param>	查询配对码 Param 为配对码,默认为"1234"
AT+BAUD<Param>	+BAUD=<Param> OK	设置蓝牙串口参数 <Param>为对应的波特率数值 1 代表 1 200,2 代表 2 400,3 代表 4 800, 4 代表 9 600,5 代表 19 200,6 代表 38 400
AT+BAUD	+BAUD=<Param>	查询蓝牙串口参数
AT+LADDR	+LADDR=<Param>	查询蓝牙地址 Param 为蓝牙地址 例如:+LADDR=44:44:10:07:0E:83

注意:AT 指令不区分大小写,中间的＋不可省略,均以回车、换行字符结尾(\r\n)。

6.1.3　蓝牙参数设置的硬件连接

　　蓝牙模块在出厂时默认为自动连接模式,可按照默认参数进行无线数据传输。如果要调整模块的参数,必须进入命令模式,执行 AT 命令。AT 命令不能通过蓝牙无线传输设置,需要计算机与蓝牙模块有线连接,有线连接有两种连接方式。

1. 通过 USB 转 TTL 连接

　　图 6.3 中的 USB 转 TTL 模块(如 CH340)可直接插入计算机的 USB 接口,建立与计算

机的连接。CH340 的引脚 VCC、GND、TXD、RXD 通过杜邦线对应连接蓝牙模块的 VCC、GND、RXD、TXD。请注意,CH340 的 TXD 连接蓝牙模块的 RXD,CH340 的 RXD 连接蓝牙模块的 TXD。蓝牙模块的 KEY 引脚连接 3.3 V 引脚,使蓝牙模块进入 AT 命令响应模式。硬件连接好以后,再以串口监视软件输出 AT 命令来设置蓝牙的参数。如果没有 USB 转TTL 模块,可采用第 2 种连接方式。

图 6.3　通过 USB 转 TTL 连接

2. 通过 Arduino 控制板连接

如图 6.4 所示,用 USB 数据线连接计算机与 Arduino 控制板,用杜邦线连接 Arduino 控制板与蓝牙模块。蓝牙模块的 VCC、GND 分别连接 Arduino 控制板的 5 V、GND,为了不占用 Arduino 控制板的串口资源,用其他数字引脚如数字引脚 8 和数字引脚 9 分别连接蓝牙模块的 RXD、TXD,那么引脚 8 就是 Arduino 控制板的发送引脚,引脚 9 就是 Arduino 控制板的接收引脚,其余引脚悬空。后面详细介绍这种连接方式的应用。

图 6.4　通过与 Arduino 控制板连接

为什么第一种连接方式中计算机和蓝牙模块间需要 USB 转 TTL 模块,而通过 Arduino 控制板就可以直接相连了呢? 这是由于 Arduino 控制板已经内置了 USB 转 TTL 接口芯片,可以将 USB 信号转换成 TTL 信号。

什么叫 TTL 信号呢? TTL 信号通常采用二进制表示,规定+5 V 等价于逻辑"1",0 V 等价于逻辑"0"。单片机大多使用 TTL 电平信号。

6.1.4　SoftwareSerial.h 函数库

Arduino Uno 控制板自带一组硬件串口 serial,数字引脚 0 作为输入端(RX),数字引脚 1作为发送端(TX),可实现主板与外设的串行通信功能。有时项目中需要使用多个串口,例如,计算机与 Arduino Uno 控制板、控制板与蓝牙模块都必须使用串行通信。为了满足需要,Arduino 的程序内自带了 SoftwareSerial.h 函数库,利用程序将其他数字引脚模拟成串口通信引脚进行串行通信。

软件串口是使用 SoftwareSerial.h 函数库利用程序模拟生成的。软件串口不如硬件串口稳定,并且波特率不能设置得很高,以免丢失数据。Arduino Uno 控制板的所有数字引脚都可以设置为软件串口。

构造函数 SoftwareSerial(RX,TX)有 RX 和 TX 两个参数必须设置,第一个参数 RX 设置接收端所使用的数字引脚,第二个参数 TX 设置发送端所使用的数字引脚。语法格式如下:

```
SoftwareSerial myserial(RX,TX);
```

说明:构造函数初始化设置。SoftwareSerial 是类名,myserial 是自定义的对象名,数字引脚 RX 为接收引脚,数字引脚 TX 为发送引脚。

例如：

```
# include < SoftwareSerial. h>          //包含 SoftwareSerial. h 头文件
SoftwareSerial myserial(8,9);          //定义软串口 myserial,数字引脚 8 为 RX,数字引脚 9 为 TX
```

6.1.5　蓝牙模块参数设置示例

【例 6.1】　蓝牙模块参数设置

1. HC05 模块和 Arduino 控制板之间的硬件连接

电路设计如图 6.5 所示。实验的具体过程请扫描二
维码。

例 6.1 的实验过程

在这里,没有使用 Arduino 的 RX(0)、TX(1)端口,而是
使用了两个数字口 8、9。在图 6.5 中,连接 4 个引脚,其余引脚悬空,HC05 会自动进入 AT 模
式,在这种模式下,计算机可以通过串口对蓝牙模块进行一些诸如修改名称、密码的操作。在
进行参数设置前,还需要编写程序。

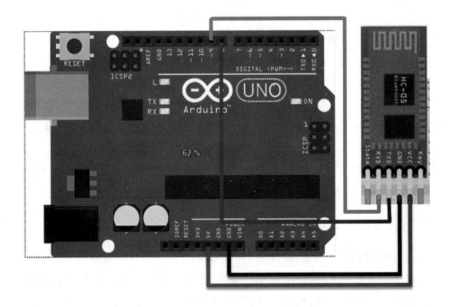

图 6.5　例 6.1 的电路连接图

2. 程序示例(蓝牙模块 AT 指令用程序)

```
# include < SoftwareSerial.h>          //声明软件串口头文件
SoftwareSerial BT(8,9);                //新建对象 BT,接收引脚为 8,发送引脚为 9
char val;                              //存储接收的变量
void setup()
{
  Serial. begin(9600);                 //设置计算机与 Arduino 板的硬件串口波特率
  Serial. println("BT is ready");
  BT. begin(9600);                     //设置 Arduino 板与蓝牙模块的软件串口波特率
```

```
}
void loop()
{
//如果串口接收到数据,就输出到蓝牙串口(软串口)
if(Serial.available())
{
    val = Serial.read();
    BT.print(val);
}
//如果蓝牙串口(软串口)接收到数据,就输出到串口监视器
if(BT.available())
{
val = BT.read();
Serial.print(val);
}
}
```

连接计算机与 Arduino,上传程序,接下来就可以进行蓝牙参数的查询和修改了。

3. 查询和设置蓝牙参数

打开 IDE 自带的"串口监视器",设置串口的通信波特率为 9 600 bit/s,设置命令结束符为"NL 和 CR",NL 代表换行,CR 表示回车,才能执行 AT 命令。

具体的配置方式如下。

(1) 测试通信

① 在发送窗口中输入"AT"命令,并单击"发送"按钮或者按键盘上的 Enter 键。

② 在接收窗口中返回"OK",表示蓝牙连接成功,如图 6.6 所示。若未返回"OK",按一下 HC05 模块上的按键,PIO11 置高电平,即可进入 AT 指令模式。

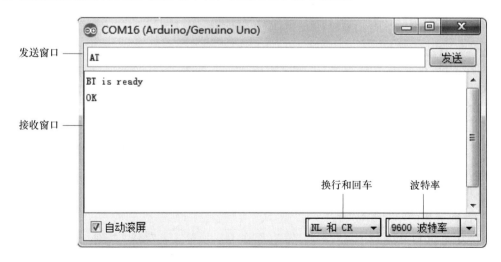

图 6.6　测试通信

(2) 设置蓝牙的角色

① 在发送窗口中输入"AT＋ROLE＝1"命令,并单击"发送"按钮或者按键盘上的

Enter 键。

② 在接收窗口中返回"OK",表示蓝牙角色设置成功,如图 6.7 所示。

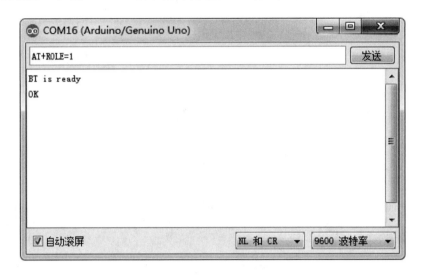

图 6.7　设置蓝牙角色(主机)

(3) 查询蓝牙角色

① 在发送窗口中输入"AT + ROLE?"命令,并单击"发送"按钮或者按键盘上的 Enter 键。

② 在接收窗口中返回"+ROLE:1""OK",表示蓝牙为主机模式,如图 6.8 所示。

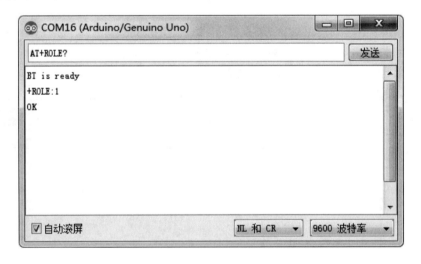

图 6.8　查询蓝牙角色

(4) 查询蓝牙的串口参数

① 在发送窗口中输入"AT + UART?"命令,并单击"发送"按钮或者按键盘上的 Enter 键。

② 在接收窗口中返回"+UART:9600,0,0""OK",如图 6.9 所示。

(5) 查询蓝牙的配对码

① 在发送窗口中输入"AT + PSWD?"命令,并单击"发送"按钮或者按键盘上的

Enter 键。

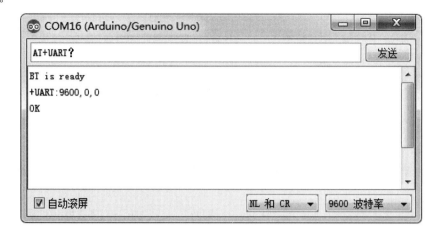

图 6.9　查询蓝牙的串口参数

② 在接收窗口中返回"＋PSWD：1234""OK"，如图 6.10 所示。

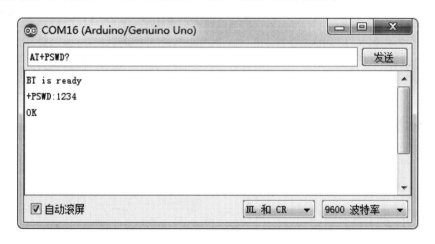

图 6.10　查询蓝牙的配对码

读者也可以根据自己的需要，进行其他参数的设置与查询。

注意：以上的示例都是针对 HC05 模块的，BT04 模块的 AT 命令和 HC05 模块不同。

6.1.6　两个 HC05 蓝牙模块之间传输信息示例

【例 6.2】　蓝牙与蓝牙模块通信实例

实验要求：当主机蓝牙模块向从机蓝牙模块发送字符"B"时，从机蓝牙模块接收到数据，LED 点亮，并向串口输出字符串"ON"。当主机蓝牙模块向从机蓝牙模块发送字符"T"时，从机蓝牙模块接收到数据，LED 熄灭，并向串口输出字符串"OFF"。实验的具体过程请扫描二维码。

例 6.2 的实验过程

1. 蓝牙模块配置

（1）从机模块参数查询与配置

① 按照图 6.5 连接从机蓝牙模块，将 Arduino 与计算机连接，此时蓝牙模块已经上电，将模块的按键按下（PIO11 置高电平），模块进入 AT 指令模式。

　　② 上传"蓝牙模块 AT 指令用程序",打开监视器,输入 AT,反馈"OK",说明蓝牙模块工作正常。

　　③ 查询从机蓝牙模块的配对码:"AT＋PSWD?",反馈"AT＋PSWD:1234"。

　　④ 将蓝牙模块配置为从机模式:"AT＋ROLE＝0",反馈"OK"。

　　⑤ 查询从机蓝牙模块的地址:"AT＋ADDR?",反馈"＋ADDR:2018:12:141264"。

　　(2) 主机模块参数查询与配置

　　① 按照图 6.5 连接主机蓝牙模块,将 Arduino 与计算机连接,此时蓝牙模块已经上电,将模块的按键按下(PIO11 置高电平),模块进入 AT 指令模式。

　　② 上传"蓝牙模块 AT 指令用程序",打开监视器,输入 AT,反馈"OK",说明主机蓝牙模块正常。

　　③ 查询主机蓝牙模块的配对码:"AT＋PSWD?",反馈"AT＋PSWD:1234"。注意:两个主机和从机模块的配对码要相同。

　　④ 将蓝牙模块配置为主机模式:"AT＋ROLE＝1",反馈"OK"。

　　⑤ 设置蓝牙模块的连接模式为指定蓝牙地址连接模式:"AT＋CMODE＝0",反馈"OK"。

　　⑥ 将主机蓝牙模块绑定从机蓝牙模块地址:"AT＋BIND＝2018,12,141264"(注意:把从机地址中的冒号换成逗号)。

　　(3) 配对设置要求

　　① 主机与从机的配对码必须相同。

　　② 主机与从机的波特率必须相同。

　　③ 主机绑定的地址必须是从机的地址。

　　④ 将主机和从机重新上电后,进入常规工作模式,自动完成配对。连接成功后,指示灯闪两下停一下。

2. 主机发送信息

　　① 主机蓝牙模块的电路连接如图 6.5 所示。

　　② 主机发送信息的程序如下:

```
# include< SoftwareSerial.h>        //声明软件串口头文件
SoftwareSerial BT(8,9);            //新建对象 BT,接收引脚为 8,发送引脚为 9
void setup()
{
  BT.begin(9600);
}
void loop()
{
    BT.println('B');
    delay(5000);
    BT.println('T');
    delay(5000);
  }
```

3. 从机接收信息

① 从机蓝牙模块的电路连接如图 6.11 所示。

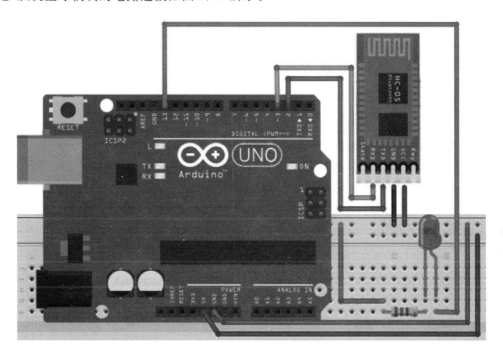

图 6.11 例 6.2 的电路连接图

② 从机蓝牙模块的程序如下：

```
#include<SoftwareSerial.h>      //声明软件串口头文件
SoftwareSerial BT(2,3);         //新建对象 BT,接收引脚为 2,发送引脚为 3
int val;
void setup()
{
  Serial.begin(9600);
  BT.begin(9600);
  pinMode(13,OUTPUT);
}
void loop(){
  if (BT.available())
  {
    val = BT.read();
    if (val == 'B') {
      Serial.println("ON");
      digitalWrite(13,HIGH);
    }
    if (val == 'T') {
      Serial.println("OFF");
```

```
        digitalWrite(13,LOW);
    }
  }
}
```

上传程序,即可实现 LED 的控制。

6.1.7　手机与蓝牙模块通信示例

【例 6.3】　手机与蓝牙模块通信

1. 手机与 HC05 蓝牙模块的配置

实验的具体过程请扫描二维码。

① 打开手机蓝牙功能,搜索新的设备,打开该设备,在弹出的配对密码输入框中输入配对码"1234",单击"确定"按钮,在配对的设备中发现 HC-05 的蓝牙设备。

② 在手机上下载"BluetoothSerial"App 并安装,打开该 App(图 6.12),选中 HC05,建立连接。

例 6.3 的实验过程　　　　　　　　图 6.12　蓝牙串口助手 App

2. Arduino 与 HC05 的电路与程序设计

① 电路连接如图 6.11 所示。上传"从机蓝牙模块的程序"。

② 在手机蓝牙串口助手 App 的对话框中输入字符"B",通过蓝牙将其传输出去,HC05 模块接收到信号"B",把信号传输给 Arduino,LED 点亮,并在串口监视器中输出"ON"。

③ 同理,在手机蓝牙串口助手 App 对话框中输入字符"T",通过蓝牙将其传输出去,HC05 模块接收到信号"T",把信号传输给 Arduino,LED 熄灭,并在串口监视器中输出"OFF"。

6.2　红外线通信

红外线通信是一种利用红外光编码进行数据传输的无线通信方式,是目前使用非常广泛的一种通信和遥控手段。由于红外遥控装置具有体积小、功耗低、成本低等特点,因而被广泛应用于各个领域。生活中常见的电视机遥控器和空调遥控器均使用红外线通信。

红外遥控是由接收端和发射端来完成的。发射端实际上是由一个红外发光二极管和相应的编码电路组成的。由于发射端发射的是红外光,因此人眼不可见。相对于使用可见光来说,使用红外光可以减少外界的干扰,提高数据传输的准确率。

6.2.1　红外遥控系统的结构

常用的红外遥控系统一般分为发射和接收两个部分,应用编/解码专用集成电路芯片来进行控制操作,如图 6.13 所示。发射部分包括键盘矩阵、编码调制电路、LED 红外发射器;接收部分包括光电转换放大器、解调和解码电路。

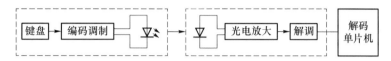

图 6.13　红外遥控系统

下面将使用一体化红外接收头 VS1838B 作为接收端,而发射端则是一个常见的 MP3 遥控器。

1. VS1838B

VS1838B 上集成了红外接收头,它的内部集成了红外接收电路,包括红外接收二极管、放大器、限幅器、带通滤波器、积分电路和比较器等。它可以接收红外信号并将其还原成发射端的数字信号。其外形如图 6.14 所示。其 3 个引脚由左到右依次为 OUT(数据输出)、GND(地)和 VCC(电源)。

需要注意的是,不同的红外一体化接收头可能会有不同的引脚定义。

图 6.14　VS1838B

2. 红外遥控器

如图 6.15 所示,红外遥控器上的每个按键都有各自的编码,按下按键后,遥控器就会发送对应编码的红外波。常见的红外遥控器大多使用 NEC 编码。

生活中的大多数红外通信都使用 38 kHz 的频率,这里使用的红外一体化接收头和遥控器也使用 38 kHz 的频率收/发信号。如果使用其他频率进行通信,则要选用对应频率的器件。

图 6.15　红外遥控器与接收电路图

6.2.2　库函数

红外遥控器会为每个按钮对应唯一的编码,以红外线为载体将信号发送出去。这里将使用第三方库 IRremote。使用时,必须把解压后的 IRremote 函数库文件夹存放到 Arduino/libraries 文件夹中,并在程序代码的开头添加预定义语句:

```
#include<IRremote.h>
```

1. IRrecv( )函数

IRrecv( )函数的作用是初始化一个红外线接收对象,红外线接收对象的名称可以由用户自定义。该函数有一个参数 receive_pin,用来设置红外一体化接收头与 Arduino 控制板连接的数字引脚,没有返回值。该函数需要在 setup( )函数中定义。

语法格式如下:

```
IRrecv irrecv(receive_Pin)
```

创建 irrecv 对象,红外一体化接收头的 OUT 引脚与 Arduino 控制板的数字引脚 receive_Pin 连接。

例如:

```
IRrecv irrecv(2);
```

2. enableIRIn( )函数

enableIRIn( )函数的作用是启用红外线接收,即开启红外线的接收过程,每 50 ms 会产生一次定时器中断,用来检测红外线的接收状态,没有输入参数和返回值。该函数需要在 setup( )函数中定义。

语法格式如下:

```
irrecv.enableIRIn();　//irrecv 是一个 IRrecv 类的对象
```

3. decode( )函数

decode( )函数的作用是接收并解码红外线信号。

该函数在使用前,必须使用数据类型 decode_results 来定义一个接收信号的存储地址,例如:

```
decode_results results;
```

如果接收到红外线信号,就返回 true(1),将信号解码后存储在 results.value 中;如果没有接收到红外线信号,就返回 false(0)。所返回的红外线信号包含解码类型(decode_type)、按键代码(value)以及代码使用的位数(bit)等。

每家厂商都有自己专用的红外线通信协议(protocol),IRremote.h 函数库支持多数通信协议,如 NEC、Philips RCS、SONY 等,如果遇到不支持的通信协议,就返回 UNKNOWN 编码类型。另外,每个按键都有独特的代码,通常是 12～32 位。按住按键不放时,不同厂商会提供不同的重复代码,有些是传送相同的按键代码,有些则是传送特殊的重复代码。

语句格式如下:

```
irrecv.decode(&results);
```

接收并解码红外信号,返回值为 1 或 0,并把结果存储在 results.value 中。

4. resume( )函数

在使用 decode( )函数接收完红外线信号后,必须使用 resume( )函数来重置 IRremote 接收器,才能再接收另一个红外线编码。语法格式如下:

```
irrecv.resume();          //接收下一个编码,无参数,无返回值
```

6.2.3　键盘编码读取实验

【**例 6.4**】　读取红外遥控器的键盘编码

实验的具体过程请扫描二维码。

按照图 6.15 连接电路,红外一体化接收头的 OUT 引脚与 Arduino 控制板的数字引脚 11 相连接。

例 6.4 的实验过程

程序(按键编码读取)如下:

```
#include<IRremote.h>          //注意编译时,IRremote 库函数应复制到 Arduino/libraries 目录下
int RECV_PIN = 11;            //定义 RECV_PIN 变量为 11
IRrecv irrecv(RECV_PIN);      //对象初始化,红外一体化接收头的信号引脚接 Arduino 的引脚 11
decode_results results;       //定义 results 变量,为红外结果存放地址
void setup()
{
  Serial.begin(9600);
  irrecv.enableIRIn();        //启用红外接收器
}
void loop() {
//解码成功,把数据放入 results 变量中
  if (irrecv.decode(&results)) {
  Serial.println(results.value,HEX);   //以十六进制换行输出红外编码
  irrecv.resume();            //接收下一个编码
  }
}
```

下载该示例程序,使用遥控器向红外一体化接收头发送信号,在串口监视器中查看,则会看到按键的编码。遥控器的每个按键都对应了不同的编码,不同的遥控器使用的编码方式也不相同。之所以出现"FFFFFFFF"编码,是因为使用的是 NEC 协议的遥控器,当按住某按键不放开时,其会重复发送编码"FFFFFFFF"。对于其他协议的遥控器,则会重复发送其对应的编码。

手持遥控器,依序按键,记录红外编码。

"CH-"=E318261B　　　　"CH"=511DBB　　　　"CH+"=EE886D7F

"PREV"=52A3D41F　　　　"NEXT"=D7E84B1B　　　　"PLAY/PAUSE"=20FE4DBB

"VOL-"=F076C13B　　　　"VOL+"=A3C8EDDB　　　　"EQ"=E5CFBD7F

"0"=C101E57B	"FL-"=97483BFB	"FL+"=F0C41643
"1"=9716BE3F	"2"=3D9AE3F7	"3"=6182021B
"4"=8C22657B	"5"=488F3CBB	"6"=449E79F
"7"=32C6FDF7	"8"=1BC0157B	"9"=3EC3FC1B

如果需要使用红外遥控器控制 Arduino 上连接的设备,如一辆小车,则需要记录这些按键编码,通过添加选择语句或者开关语句,从而实现某些功能。例如,按下某一按键,小车前进;按下另一个按键,小车后退,等。

6.3　NRF 控制

6.3.1　NRF24L01 模块

NRF24L01 是一款工作在 2.4~2.5 GHz 频段的单片无线收发器芯片,输出功率、频道选择和协议可以通过 SPI 进行设置。其有极低的电流消耗,当工作在发射模式下且发射功率为 -6 dBm 时,电流消耗为 9 mA;当工作在接收模式下时,电流消耗为 12.3 mA。掉电模式和待机模式下电流消耗更低。

如图 6.16 所示,NRF24L01 模块有 8 个引脚,各引脚的含义如下。

① GND:接地引脚。

② VCC:电源引脚。接 3.3 V 电源。

③ CE:模式控制引脚。在 CSN 为低的情况下,CE 协同 NRF24L01 的 CONFIG 寄存器共同决定 NRF24L01 的状态。

④ CSN:片选引脚。当 CSN 为低电平时,该芯片被选中。

⑤ SCK:SPI 的时钟线引脚。

⑥ MOSI:控制数据引脚。主机输出,从机输入。

⑦ MISO:控制数据引脚。主机输入,从机输出。

⑧ IRQ:中断信号引脚。中断时变为低电平,即 NRF24L01 内部发生中断时 IRQ 引脚从高电平变为低电平。

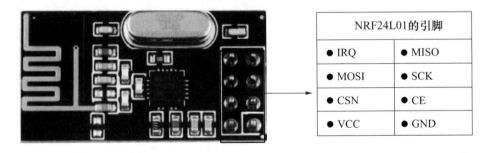

NRF24L01的引脚	
● IRQ	● MISO
● MOSI	● SCK
● CSN	● CE
● VCC	● GND

图 6.16　NRF24L01 模块及其引脚

6.3.2　NRF24L01 模块与 Arduino Uno 的数据传输

NRF24L01 模块是使用 SPI 与 Arduino 连接的,数据的传输要遵循 SPI 的通信协议。

NRF24L01 模块与 Arduino Uno 的引脚连接关系如下：

$$
\begin{array}{lcl}
\text{VCC} & \longleftrightarrow & 3.3\,\text{V} \\
\text{GND} & \longleftrightarrow & \text{GND} \\
\text{CE} & \longleftrightarrow & \text{D9(I/O 引脚)} \\
\text{CSN} & \longleftrightarrow & \text{D10(I/O 引脚)} \\
\text{MOSI} & \longleftrightarrow & \text{D11(MOSI)} \\
\text{MISO} & \longleftrightarrow & \text{D12(MISO)} \\
\text{SCK} & \longleftrightarrow & \text{D13(SCK)} \\
\text{IRQ} & \longleftrightarrow & \text{悬空(或 I/O 引脚)}
\end{array}
$$

该模块工作在 3.3 V,因此不要将其直接连接到 5 V 的 Arduino 上。NRF24L01 模块的其他引脚具有 5 V 容限,因此可以将它直接连接到 Arduino 上。

MOSI、MISO、SCK 需要连接到 Arduino 的 SPI 引脚,但要注意每个 Arduino 控制板都有不同的 SPI 引脚。NRF24L01 模块在标准 SPI 基础上增加了引脚 CE 和 CSN,引脚 CSN 和 CE 可以连接到 Arduino 控制板的任何数字引脚,引脚 IRQ 是一个不必使用的中断引脚。

NRF24L01 属于对传模块,即要使用两块 NRF24L01 和两块 Arduino 才能进行测试。

6.3.3　库函数

程序的开头要包含基本的 SPI 和新安装的 RF24 库。

```
# include < SPI.h >
# include < nRF24L01.h >
# include < RF24.h >
```

（1）RF24(CE,CSN)

语法格式如下：

```
RF24 radio(CE,CSN);
```

功能:初始化无线电对象。RF24 为类名,radio 为初始化的对象,CE 和 CSN 为两个参数。参数 CE 是 Arduino 控制板与 NRF24L01 模块 CE 引脚相连接的数字引脚号。参数 CSN 是 Arduino 控制板与 NRF24L01 模块 CSN 引脚相连接的数字引脚号。

（2）byte address[]

语法格式如下：

```
byte address[6] = "00001";
```

功能:创建一个字节数组代表地址,也就是 NRF24L01 模块的通信管道。地址的值"00001"可更改为任意 5 个字符的字符串,如"abcde",这样就可以选择需要通信的设备。主机和从机可以设置相同的地址,并以此方式启用两个模块之间的通信。

（3）bool begin()

语法格式如下：

```
radio.begin();
```

功能:初始化连接,主机或从机加入 SPI 总线,通信启动。

（4）openReadingPipe(number,address)

语法格式如下：

```
radio.openReadingPipe(number,address);
```

功能：打开读取数据的管道。参数 number 为管道号，取值为 0～5（每个主机最多可以和 6 个从机建立通信）；address 为 number 的地址，是 5 个字母的字符串。

（5）openWritingPipe()

语法格式如下：

```
radio.openWritingPipe(address);
```

功能：打开写数据的管道。参数 address 为之前定义的 5 个字母的字符串，即发射机的地址。

（6）bool available()

语法格式如下：

```
radio.available();
```

功能：检查是否有可读的字节。有数据，为真(true)；否则，为假(false)。

（7）setPALevel(level)

语法格式如下：

```
radio.setPALevel(level);
```

功能：设置功率放大器电平。level 有 4 个值，即 RF24_PA_MIN、RF24_PA_LOW、RF24_PA_HIGH 和 RF24_PA_MAX。模块彼此非常接近时用小值，距离较远时用大值。对应的功率水平为 -18 dBm、-12 dBm、-6 dBm 和 0 dBm。

（8）startListening()

语法格式如下：

```
radio.startListening();
```

功能：接收机开始监听。

（9）stopListening()

语法格式如下：

```
radio.stopListening();
```

功能：发射机停止监听，并切换到发送数据模式。

（10）bool write(*buf,len)

语法格式如下：

```
radio.write(*buf,len);
```

功能：发送数据。参数 *buf 是发送数据管道的地址，len 是发送字节的长度。

（11）void read(*buf,len)

语法格式如下：

```
radio.read(*buf,len);
```

功能:读取数据。参数 ＊ buf 是接收数据管道的地址,len 是接收字节的长度。

6.3.4　NRF24L01 无线通信示例

【例 6.5】　NRF24L01 收发器模块无线通信

1. 电路连接

实验要求:使用 NRF24L01 收发器模块在两个 Arduino 控制板之间进行无线通信。从一个 Arduino 控制板向另一个 Arduino 控制板发送简单的“Hello World”消息。

将 NRF24L01 模块连接到 Arduino 控制板,如图 6.17 所示。

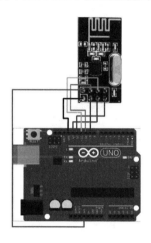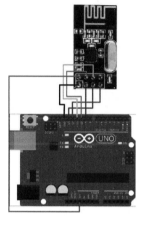

NRF24L01引脚	Arduino Uno
CE	9
CSN	10
MOSI	11
MISO	12
SCK	13
VCC	3.3 V
GND	GND

图 6.17　例 6.5 的电路连接图

实验的具体过程请扫描二维码。

2. NRF24L01 代码

首先,我们需要下载并安装 RF24 库,网址为 https:// github.com/nRF24/RF24。

例 6.5 的实验过程

（1）发射机代码

```
# include< SPI.h>
# include< nRF24L01.h>
# include< RF24.h>
RF24 radio(9,10);                    //CE,CSN
const byte address[6] = "00001";      //定义地址
void setup() {
  radio.begin();
  radio.openWritingPipe(address);
  radio.setPALevel(RF24_PA_MIN);
  radio.stopListening();
}
void loop() {
  const char text[] = "Hello World";
```

```
  radio.write(&text,sizeof(text));          //写字符串"text"中的所有内容
  delay(1000);                              //延迟 1 s
}
```

（2）接收机代码

```
# include< SPI.h>
# include< nRF24L01.h>
# include< RF24.h>
RF24 radio(9,10);//CE,CSN
const byte address[6] = "00001";
void setup() {
  Serial.begin(9600);
  radio.begin();
  radio.openReadingPipe(0,address);
  radio.setPALevel(RF24_PA_MIN);
  radio.startListening();
}
void loop() {
    if (radio.available())              //检查是否有要接收的数据
    {
    char text[32] = "";            //如果有数据,创建一个由 32 个元素组成的数组,每个元素称为"text"
    radio.read(&text,sizeof(text)); //读取数据并将其存储到变量"text"中
    Serial.println(text);              //在串口监视器上打印文本
    }
}
```

在上传了以上两个程序之后,就可以在接收器上运行串口监视器了。这时会看到,串口监视器每秒打印一条消息"Hello World",如图 6.18 所示。

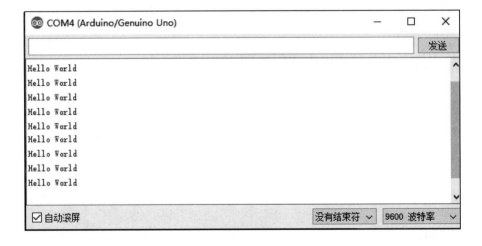

图 6.18　串口监视器输出结果

6.4　RFID 技术

6.4.1　RFID 概述

RFID(Radio Frequency Identification)即射频识别,是一种非接触、短距离的自动识别技术。利用射频信号通过空间耦合(电感或电磁耦合)实现无接触信息传递,并通过所传递的信息达到识别目的。RFID 技术的显著优点在于非接触性,工作时无须人工干预,能够实现识别自动化且不易损坏。RFID 技术应用很广泛,如门禁管理、图书馆、高速公路电子不停车收费系统(ETC)等场合。

RFID 按应用频率的不同,分为低频、高频、超高频、微波,各频段的应用特点如表 6.3 所示。

表 6.3　RFID 各种频段的应用特点

参　数	低　频	高　频	超高频	微　波
常用频率	125~134 kHz	13.56 MHz	868~915 MHz	2.4~5.8 GHz
通信距离	小于等于 10 cm	小于等于 10 cm	大于等于 1.5 m	大于等于 1.5 m
速度	慢	中	快	非常快
应用场合	门禁	智能卡	火车追踪	ETC

6.4.2　RFID 系统

最基本的 RFID 系统由 3 部分组成。

(1) 电子标签

电子标签(tag,或称射频标签)由芯片及内置天线组成,可以分为贴纸型、卡片型和纽扣型(如图 6.19 所示)。每个电子标签都具有全球唯一的识别号(ID),无法修改、无法仿造,这样就保证了安全性。芯片内保存有一定格式的电子数据,电子标签附着在待识别物体的表面,作为待识别物品的标识性信息,是射频识别系统真正的数据载体。

按照 RFID 电子标签能源的供给方式,RFID 可以分为无源 RFID、有源 RFID 以及半有源 RFID。无源 RFID 读写距离近,价格低;有源 RFID 可以提供更远的读写距离,但是需要电池供电,成本要更高一些,适用于远距离读写的应用场合。

(2) 读卡器

读卡器是读取或读/写 RFID 电子标签信息的设备,主要包括射频模块和数字信号处理单元两部分,如图 6.20 所示。读卡器的主要任务是控制射频模块向标签发射读取信号,并接收标签的应答,对标签的对象标识信息进行解码,将对象标识信息连带标签上的其他相关信息传输到主机,实现操作指令的执行和数据汇总上传。RC522 读卡器的引脚说明如表 6.4 所示。

图 6.19　RFID 电子标签

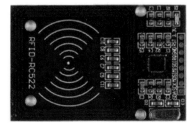

图 6.20　RFID 读卡器

表 6.4 RC522 读卡器的引脚说明

引　脚	各引脚功能与使用说明
SDA	从机标志管脚,可连接 Arduino 的任意 I/O 引脚
SCK	连接 MCU 的 SCK 信号,连接 Arduino 的 13 号引脚
MOSI	主机输出,从机输入,连接 Arduino 的 11 号引脚
MISO	从机输出,主机输入,连接 Arduino 的 12 号引脚
IRQ	中断请求输出,可以悬空
GND	接地,连接 Arduino 的 GND 引脚
RST	复位,可以连接 Arduino 的任意 I/O 引脚
3.3 V	工作电压,连接 Arduino 的 3.3 V 引脚

(3) 天线

天线是 RFID 标签与读取器之间传输数据的发射、接收装置。RFID 系统中包括两类天线:一类是 RFID 标签上的天线,它已经和 RFID 标签集成为一体;另一类是读写器天线,既可以内置于读写器中,也可以通过同轴电缆与读写器的射频输出端口相连。天线在 RFID 系统中的重要性往往容易被人们忽视,在实际应用中,天线设计参数是影响 RFID 系统识别范围的主要因素。

6.4.3　库函数

这里将使用第三方库 RFID。使用时,必须把 RFID 函数库文件夹解压,将解压后的文件夹存放到 Arduino/libraries 文件夹中,同时在程序代码的开头添加预定义语句:

```
♯ include<RFID.h>
```

1. RFID( ) 函数
语法格式如下:

```
RFID rfid(CS_Pin,RST_Pin);
```

功能与说明:创建一个 RFID 对象,对象名为 rfid。参数 CS_Pin 为 SDA 引脚连接的端口号,RST_Pin 为复位 RST 引脚连接的端口号。
例如:

```
RFID rfid(10,5);//SDA 连接 Arduino 主板的 10 号端口,RST 连接 Arduino 主板的 5 号端口
```

2. init( ) 函数
语法格式如下:

```
rfid.init();
```

功能与说明:初始化 RC522,在 setup()函数中定义。无输入参数,无返回值。
3. isCard( )函数
语法格式如下:

```
rfid.isCard();
```

功能与说明:感应区内是否有 ID 卡。函数值为布尔类型,感应到卡为 true,否则为 false。

4. readCardSerial( )函数

语法格式如下：

```
rfid.readCardSerial();
```

功能与说明：读 RFID 标签序号,成功则返回 true,失败则返回 false,并把 5 字节的号码存放在 rfid.serNum[5]数组中。前 4 个字节为卡序列号,第 5 个字节为校验字节。

5. writeMFRC522( )函数

语法格式如下：

```
rfid.writeMFRC522(unsigned char addr,unsigned char val);
```

功能与说明：向 MFRC522 的某一寄存器写一个字节数据。参数 addr 为寄存器地址,val 为要写入的值。

6. selectTag(str) 函数

语法格式如下：

```
rfid.selectTag(rfid.serNum);  //选卡(锁定卡片,防止多次读取)
```

功能与说明：选卡,读取卡存储器容量。输入参数为 str 为卡序列号。

7. anticoll(str) 函数

语法格式如下：

```
status = rfid.anticoll(str);
```

功能与说明：防冲突检测,读取选中卡片的卡序列号。输入参数 str 为卡序列号。如不冲突,status 为 MI_OK,否则为 MI_ERR。

8. halt( )函数

语法格式如下：

```
rfid.halt();
```

功能与说明：卡片进入休眠状态。无输入参数,无返回值。

6.4.4　RFID 的工作原理

RFID 的工作原理是利用读卡器发射无线电波,触发感应范围内的 RFID 电子标签。RFID 电子标签借助于电磁感应产生电流,来驱动 RFID 标签上的 IC 芯片运行,并利用电磁波返回 RFID 电子标签序号。读卡器读取信息并解码后,送至中央信息系统进行有关数据处理。RFID 系统的基本模型如图 6.21 所示。

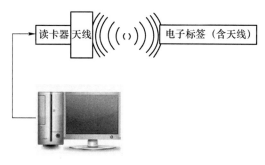

图 6.21　RFID 系统的基本模型

6.4.5　读取标签序号示例

【例 6.6】　读取 RFID 标签序号

1. 电路设计

电路连接如图 6.22 所示。实验的具体过程请扫描二维码。

例 6.6 的实验过程

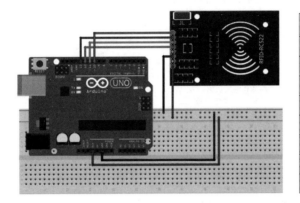

RC522引脚	Arduino Uno
SDA	10
SCK	13
MOSI	11
MISO	12
IRQ	悬空
GND	GND
RST	悬空
3.3 V	3.3 V

图 6.22　例 6.6 的电路连接

2. 程序示例

```
#include<SPI.h>
#include<RFID.h>
RFID rfid(10,5);                //10-读卡器 CS 引脚,5-读卡器 RST 引脚
void setup()
{
  Serial.begin(9600);
  SPI.begin();
  rfid.init();//初始化
}
void loop()
{
  //找卡
  rfid.isCard();
  //读取卡序列号
  if(rfid.readCardSerial())
  {
    Serial.print("The card's number is  : ");
    Serial.print(rfid.serNum[0],HEX);
    Serial.print(rfid.serNum[1],HEX);
    Serial.print(rfid.serNum[2],HEX);
    Serial.print(rfid.serNum[3],HEX);
    Serial.print(rfid.serNum[4],HEX);
    Serial.println(" ");
  }
```

```
//选卡,返回卡容量(锁定卡片,防止多次读写)
rfid.selectTag(rfid.serNum);
rfid.halt();              //命令卡片进入休眠状态
}
```

RFID 电子标签读取过程为寻卡→防冲突→选卡→读卡。

电子标签读取结果如图 6.23 所示。

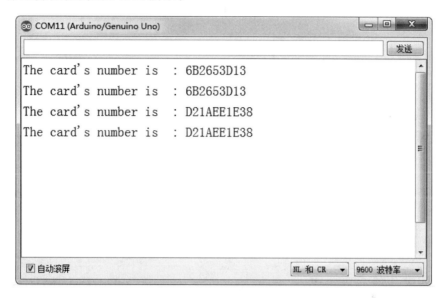

图 6.23　电子标签读取结果

6.5　SPI 通信

6.5.1　SPI 的通信协议

　　SPI 是一种串行外设接口,Arduino 自带了这种高速的通信接口,它可以连接具有同样接口的外部设备,如前面讲过的 NRF24L01 模块和 RFID 模块。Arduino 也可以通过 SPI 和多个从机设备相连。主设备通过程序来选择对一个从设备进行通信,从而完成数据的交换。主设备负责输出时钟信号及选择通信的从设备,时钟信号由主机的 SCK 引脚发出。当一个从机的 CS 引脚为低电平时,该从机被选中,可以与主设备进行数据通信。同时其他从设备的 CS 信号为高电平,每次只能有唯一的从设备被选中。通信时主机的数据由 MISO 输入,由 MOSI 输出。

　　SPI 使用主(master)/从(slave)结构进行通信,图 6.24 所示为一对一主/从结构,主设备产生同步频率,将片选引脚的电位拉低,即可通过 MOSI 和 MISO 与从设备进行数据的传输。

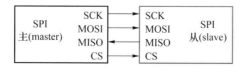

图 6.24　一对一 SPI 通信

　　图 6.25 所示为一对三主/从结构,当主设备要与多个从设备进行通信时,由主设备产生同步频率,将要进行通信的从设备的片选电位拉低,即可通过 MOSI 和 MISO 与从设备进行数据的传输。因为是点对点数据,所以每次只启用 CS1、CS2、CS3 中的一个从设备。

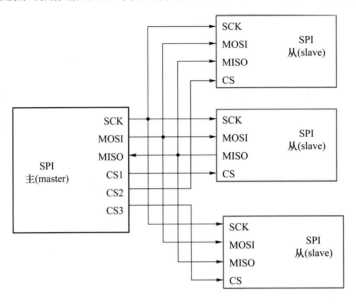

图 6.25　一对三 SPI 通信

6.5.2　SPI 类库的成员函数

　　程序的开头要包含 SPI 库文件,并且程序安装目录的 libraries 文件夹中有 SPI 库文件。

```
# include<SPI.h>
```

1. begin( )

语法格式如下:

```
SPI.begin();
```

　　功能:初始化 SPI 通信,调用该函数后,SCK、MOSI、CS 引脚被设置为输出模式,且 SCK 和 MOSI 引脚电位被拉低,SS 引脚电位被拉高。

2. end( )

语法格式如下:

```
SPI.end();
```

　　功能:关闭 SPI 总线通信。

3. setClockDivider( )

语法格式如下:

```
SPI.setClockDivider(divider);
```

　　功能:设置通信时钟分频器,时钟信号由主机产生,从机不用配置。

　　参数 divider 表示系统时钟分频配置:

　　• SPI_CLOCK_DIV2,2 分频,为系统频率的 1/2;

- SPI_CLOCK_DIV4,4 分频,为系统频率的 1/4;
- SPI_CLOCK_DIV8,8 分频,为系统频率的 1/8;
- SPI_CLOCK_DIV16,16 分频,为系统频率的 1/16;
- SPI_CLOCK_DIV32,32 分频,为系统频率的 1/32;
- SPI_CLOCK_DIV64,64 分频,为系统频率的 1/64;
- SPI_CLOCK_DIV128,128 分频,为系统频率的 1/128。

4. transfer( )

语法格式如下:

```
SPI.transfer(val);
```

功能:传输 1 个字节的数据,参数 val 为发送的数据,返回值为接收到的数据。

5. attachInterrupt( );

语法格式如下:

```
SPI.attachInterrupt(handler)
```

功能:当从设备接收主设备发来的数据时,将调用此函数。

6.5.3　SPI 通信示例

【例 6.7】　一对一 SPI 通信

1. 电路设计

电路连接如图 6.26 所示。实验的具体过程请扫描二维码。

例 6.7 的实验过程

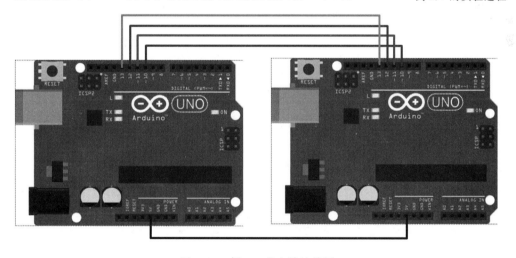

图 6.26　例 6.7 的电路连接图

2. 程序示例

(1) SPI 为主机

```
#include<SPI.h>
const int CS = 10;
void setup () {
    Serial.begin(9600);              //设置波特率 9 600
```

```
    digitalWrite(CS,HIGH);                    //片选引脚不被使用
    SPI.begin ();
    SPI.setClockDivider(SPI_CLOCK_DIV8);      //时钟分频配置,八分频
}
void loop () {
    char c;
    digitalWrite(CS,LOW);                     //片选引脚被选用
    for (const char * p = "Hello,world! \r";c = * p;p + + )
    {   SPI.transfer (c);                     //发送数据"Hello,world! \r"
        Serial.print(c);
    }
    digitalWrite(CS,HIGH);                    //片选引脚不被使用
    delay(2000);
}
```

(2) SPI 为从机

```
# include < SPI.h >
char buff [50];
volatile byte index;
volatile boolean process;
void setup () {
    Serial.begin (9600);
  pinMode(MISO,OUTPUT);          //从机的 MISO 引脚设置为输出模式
  //SPCR 为 SPI 控制寄存器,_BV(SPE)函数表示设置 SPCR 中的 SPE(第六位)为 1,打开 SPI
    SPCR | = _BV(SPE);
    index = 0;
    process = false;
    SPI.attachInterrupt();       //启用中断,如果主机发送数据,则调用中断例程 ISR (SPI_STC_vect)
}
ISR(SPI_STC_vect)                //SPI 中断例程
  {
    byte c = SPDR;               //SPDR 为 SPI 数据寄存器,来自主机的值取自 SPDR,并存储在 c 变量中
    if (index < sizeof buff) {
      buff [index + + ] = c;     //传输来的数据保存在 buff 中
      if (c == '\r')             //判断是否检测到回车符
      process = true;            //当从机接收到数据时,定义 process 为 true
    }
}
void loop () {
    if (process) {
      process = false;
      Serial.println (buff);     //在从机的监视器中打印 buff 中的数据(主机传输来的数据)
      index = 0;
    }
}
```

从机的输出结果如图 6.27 所示。

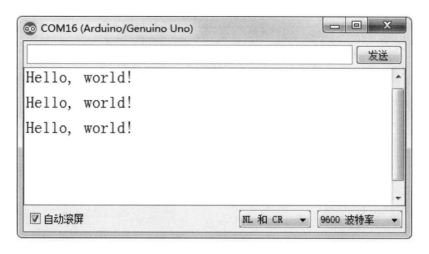

图 6.27 从机的输出结果

6.6　ESP8266 模块与网络控制

6.6.1　ESP8266 模块与引脚介绍

ESP8266 是一款高性能的 UART-Wi-Fi(串口-无线)模块。ESP8266 模块内置 TCP/IP 协议栈,能够实现串口与 Wi-Fi 之间的转换。该模块支持 STA、AP 和 STA＋AP 3 种 Wi-Fi 工作模式,从而快速构建串口-Wi-Fi 数据传输方案,方便设备间使用互联网传输数据。

① STA 模式:客户端模式。该模块通过路由器连接网络,使手机或者计算机实现对该设备的远程控制。

② AP 模式:接入点模式。该模块作为 Wi-Fi 热点,使手机或者计算机连接到这个模块,组建一个局域网。

③ STA＋AP 模式:混合模式。两种模式共存,既可以通过路由器连接到互联网,也可以作为 Wi-Fi 热点,使其他设备连接到这个模块,实现广域网与局域网的无缝切换。

ESP8266 模块可以用于遥控车、智能家居等应用场合,轻松实现设备联网。

ESP8266 模块一般有 8 个引脚,如图 6.28 所示;有的仅有 4 个引脚,如图 6.29 所示。ESP8266 模块的引脚说明如表 6.5 所示。

图 6.28　ESP8266 模块(8 引脚)

图 6.29　ESP8266 模块(4 引脚)

表 6.5　ESP8266 模块的 8 引脚说明

名　　称	功　　能
VCC	接 3.3 V 电源,有的模块接 5 V
GND	接地
RX	串口接收引脚,接单片机的输出引脚
TX	串口输出引脚,接单片机的接收引脚
GPIO0	GPIO0,I/O 引脚
GPIO2	GPIO2,I/O 引脚
CH_PD	芯片使能端,高电平时有效,芯片正常工作;低电平时,芯片不工作
RST	复位引脚,可做外部硬件复位使用

6.6.2　ESP8266 模块的 AT 指令

ESP8266 模块的 AT 指令如表 6.6 所示。

表 6.6　ESP8266 模块的 AT 指令

指　　令	返　　回	功能与参数说明
AT	OK	测试指令,确认是否连接
AT+RST	OK	重启模块,配置好模式后需重启生效
AT+UART=<baudrate>, <databits>,<stopbits>, <parity>,<flow control>	OK	串口参数配置 <baudrate>为串口波特率 <databits>为数据位: • 5 为 5 bit 数据位 • 6 为 6 bit 数据位 • 7 为 7 bit 数据位 • 8 为 8 bit 数据位 <stopbits>为停止位: • 1 为 1 bit 停止位 • 2 为 1.5 bit 停止位 • 3 为 2 bit 停止位 <parity>为校验位: • 0 为 None • 1 为 Odd • 2 为 EVEN <flow control>为流控: • 0 为不使能流控 • 1 为使能 RTS • 2 为使能 CTS • 3 为同时使能 RTS 和 CTS 举例:AT+UART=9600,8,1,0,0
AT+CWMODE=<mode>	OK	设置 Wi-Fi 工作模式 <mode>取值如下: • 1 为 STA 模式 • 2 为 AP 模式 • 3 为 AP+STA 模式 举例:AT+CWMODE=3

指　令	返　回	功能与参数说明
AT+CWMODE?	+CWMODE：\<mode\> OK	查询 Wi-Fi 工作模式 \<mode\>同上
AT+CWJAP=\<ssid\>， \<password\>	OK	设置所要连接的 AP，此时模块工作模式为 STA \<ssid\>为接入点的 Wi-Fi 名称 \<password\>为接入点的 Wi-Fi 密码 举例：AT+CWJAP="TP-LINK11","123456"
AT+CWJAP?	+CWSAP=\<ssid\> OK	查询连接的 AP，此时模块工作模式为 STA \<ssid\>同上
AT+CWSAP=\<ssid\>， \<password\>， \<chl\>，\<ecn\>	OK	设置 AP 参数，此时模块工作模式为 AP \<ssid\>和\<password\>同上 \<chl\>为通道号 \<ecn\>为加密的方式： • 0 为 OPEN(开放不加密) • 1 为 WEP • 2 为 WPA_PSK • 3 为 WPA2_PSK • 4 为 WPA_WPA2_PSK
AT+CIFSR	+CIFSR：APIP，\<IP 地址\>+ CIFSR：APMAC，\<MAC 地址\> +CIFSR：STAIP，\<IP 地址\> +CIFSR：STAMAC，\<MAC 地址\> OK	获取本地 IP 地址，在配置网络调试助手的时候需要用到。若模块工作模式为 STA+AP，返回以下地址： • APIP，\<IP 地址\>为 AP 的 IP 地址 • APMAC，\<MAC 地址\>为 AP 的 MAC 地址 • STAIP，\<IP 地址\>为 Station 的 IP 地址 • STAMAC，\<MAC 地址\>为 Station 的 MAC 地址
AT+CIPMUX=\<mode\>	OK	设置连接模式。如果启用多连接模式，需要在 AP 模式下工作 \<mode\>取值如下： • 0 为单连接模式。单连接模式下启用透传模式 • 1 为多连接模式。多连接模式下才可以启用服务器模式
AT+CIPMUX?	+CIPMUX：\<mode\> OK	查询连接模式 \<mode\>同上
AT+CIPSERVER= \<mode\>，[\<port\>]	OK	配置为服务器，此时模块工作模式为 AP \<mode\>取值如下： • 0 为关闭 server 模式 • 1 为开启 server 模式 \<port\>为设置的端口号，便于监听 举例：AT+CIPSERVER=1,8080
AT+CIPSEND=\<length\>	OK	单路连接发送数据 \<length\>为数据长度

续　表

指　令	返　回	功能与参数说明
AT＋CIPSEND＝ ＜id＞,＜length＞	SEND OK	多路连接发送数据 ＜id＞为通道号,取值为 0～4 ＜length＞同上 举例:AT＋CIPSEND＝0,10
＋IPD,＜length＞,＜data＞	＋IPD 和数据	单路连接接收数据 ＜length＞为数据长度 ＜data＞为收到的数据
＋IPD,＜id＞,length＞: ＜data＞	＋IPD 和数据	多路连接接收数据 ＜length＞和＜data＞同上 ＜id＞为连接的通道号

6.6.3　ESP8266 模块的参数查询与设置

ESP8266 模块使用前或者使用过程中出现异常,都可以运行下面的测试程序,检验模块是否正常工作,对网络参数进行设置和查询。

1. 电路设计

ESP8266 模块与 Arduino 的连接如图 6.30 所示。

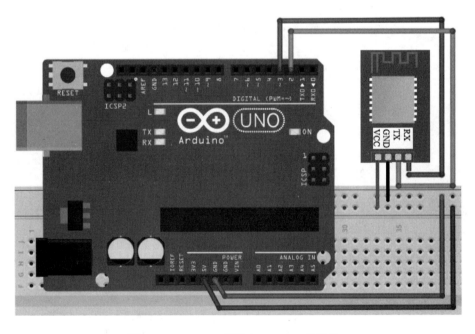

图 6.30　ESP8266 模块与 Arduino 的连接

说明:图 6.30 中 ESP8266 模块是 4 引脚模块,VCC 连接 Arduino 控制板的 5 V 引脚,有的模块需要连接 3.3 V 引脚,使用时要特别注意这一点。模块的 RX 连接 Arduino 控制板的 3 号引脚,模块的 TX 连接 Arduino 控制板的 2 号引脚。

2. 测试程序

```
#include<SoftwareSerial.h>                //软件串口头文件
#define rxPin 2
#define txPin 3
//定义软件串口对象 ESP8266,并初始化,2 是接收引脚,3 是发送引脚
SoftwareSerial ESP8266(rxPin,txPin);
void setup() {
  Serial.begin(9600);                     //定义串口(0,1)的波特率
  ESP8266.begin(9600);                    //定义软串口(2,3)的波特率
}
void loop() {
    if(ESP8266.available())               //判断软串口是否收到数据
    Serial.write(ESP8266.read());         //若收到数据,把数据发送给串口,并在监视器中显示
    else if(Serial.available())           //判断串口是否收到数据
    ESP8266.write(Serial.read());         //若收到数据,把数据发送给 ESP8266 模块
}
```

要注意以下几点。

① 在运行程序前,文件夹 libraries 中必须添加 SoftwareSerial 库,否则编译会出错。

② 把使用 0、1 引脚的串口称为硬串口,使用 2、3 引脚的串口称为软串口,两者的波特率要一致。

③ Arduino 起到的作用仅仅是串行通信的传输,如果有 USB 转串口模块,可以代替 Arduino 控制板。串口传输关系如图 6.31 所示。

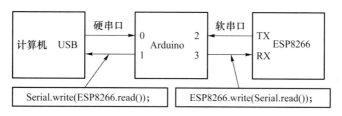

图 6.31　串口传输关系

3. 运行结果

① 输入"AT",反馈如图 6.32 所示,表示连接正常。

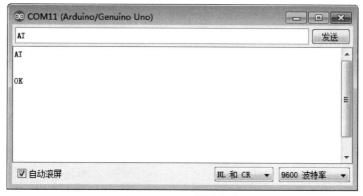

图 6.32　AT 测试指令

② 输入"AT＋CWMODE＝3"，反馈如图 6.33 所示，表示工作模式为 STA＋AP。

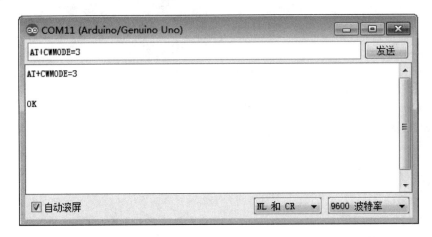

图 6.33　AT 工作模式指令

③ 输入"AT＋CIFSR"，反馈内容为 APMAC 地址、STAIP 地址、STAMAC 地址，如图 6.34 所示。

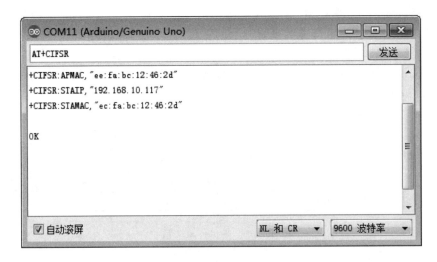

图 6.34　IP 地址查询指令

6.6.4　ESP8266 模块应用示例

【例 6.8】 用手机控制 LED 点亮或熄灭

设计要求：当手机发送"0"时，LED 熄灭，当手机发送"1"时，LED 点亮。

实验的具体过程请扫描二维码。

1. 电路设计

例 6.8 的实验过程

LED 与主板的引脚 13 相连。在手机中安装"网络调试助手"App，设置网络连接。当用手机输入数据"0"或"1"时，数据会通过 Wi-Fi 模块 ESP8266 传给主板处理，实现 LED 熄灭和点亮。图 6.35 所示为 App 控制 LED 的电路图。

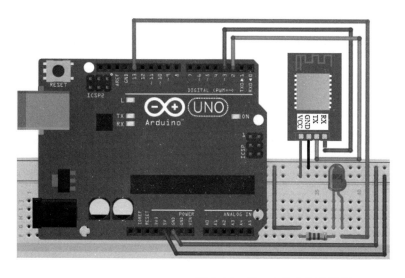

图 6.35　例 6.8 的电路连接图

2. 程序示例

```
#include < SoftwareSerial.h >              //软串口头文件
SoftwareSerial Serial1(2,3);      //软串口初始化,RX = 2,TX = 3,分别接 ESP8266 模块的 TX 和 RX 引脚
int LED = 13;
String comdata = "";                      //定义字符串变量
void setup() {
Serial.begin(9600);
Serial1.begin(9600);
pinMode(LED,OUTPUT);
Serial1.println("AT");                    //测试 AT 指令
if (Serial1.find("OK"))                   //判断是否返回 OK
{
  Serial.println("AT is OK");
  }
else
{
  Serial.println("AT is failed");
  }
  delay(100);
  //设置 AP 参数,dofly_wifi 为模块的 ssid
  Serial1.print("AT + CWSAP = \"dofly_wifi\",\"\",1,0,4,0\r\n");
  delay(1000);
  if (Serial1.find("OK"))
  {
    Serial.println("name config is OK");
  }
  else
```

```
{
  Serial.println("name config is failed");
}
Serial1.println("AT + CIPMUX = 1");           //开启多连接模式,mode = 1 多连接模式
if (Serial1.find("OK"))
{
  Serial.println("AT + CIPMUX = 1 is OK");
}
else
{
  Serial.println("AT + CIPMUX = 1 is failed");
}
Serial1.println("AT + CIPSERVER = 1,8086");//创建服务器,mode = 1 开启,port = 8086 端口号
delay(2);
if (Serial1.find("OK"))
{
  Serial.println("AT + CIPSERVER = 1,8086 is OK");
}
else
{
  Serial.println("AT + CIPSERVER = 1,8086 is failed");
}
}
void loop() {
  if (Serial1.available())
  {
    while (Serial1.available()> 0)            //判断 ESP8266 是否接收到数据
    {
      comdata += char(Serial1.read());        //若有数据,读取接收到的数据给字符串变量 comdata
      delay(2);
    }
    Serial.println(comdata);                  //输出 ESP8266 接收到的数据
  }
  if((comdata[2] == '+')&&(comdata[3] == 'I')&&(comdata[4] == 'P'))
      //MCU 接收到的数据为 + IPD 时,判断并控制 0\1 来使 LED 亮与灭
  {
      if((comdata[5] == 'D')&&(comdata[8] == ','))
        {
          if(comdata[11] == '1')
            {
              digitalWrite(LED,HIGH);//"1" 灯亮
              Serial.println("On");
            }
```

```
                    else if (comdata[11] == '0')
                    {
                      digitalWrite(LED,LOW);      //"0" 灯灭
                      Serial.println("Off");
                    }
                  }
                }
            comdata = "";
          }
```

3. ESP8266 模块网络配置

配置前,需要在手机中下载"网络调试助手"App 并安装。操作步骤如下。

① 在"网络调试助手"App 中,设置 Server 服务器。

a. 输入端口号,要和程序(AT + CIPSERVER = 1,8086)中设置的端口号保持一致,即 8086。

b. 单击"开启",进入透传模式。

② 在"网络调试助手"App 中,设置 Client 客户端,如图 6.36 所示。

a. 输入 IP 地址,192.168.10.117(STAIP),通过测试程序,在串口监视器中输入 AT + CIFSR 命令,可以查询到该 IP 地址。

b. 输入端口号 8086。

③ 点击"连接"按钮,显示连接成功,并进入信息传输页面,在输入区输入"0",点击"发送"按钮,LED 熄灭;输入"1",点击"发送"按钮,LED 点亮,如图 6.37 所示。

④ 连接成功后,在串口监视器中可以看到图 6.38 所示的信息。如果监视器中显示 off,代表 LED 是熄灭的;显示 on,代表 LED 已经点亮。

图 6.36　客户端设置界面

图 6.37　信息传输界面

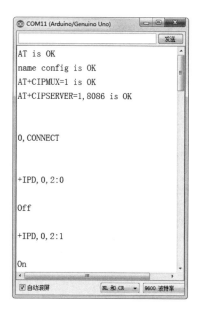

图 6.38　串口监视器界面

4. 错误信息提示

① 上传程序时,显示以下信息:

```
avrdude：stk500_getsync() attempt 1 of 10：not in sync：resp = 0x00
```

故障原因:上传程序时串口被占用。此时要空置串口引脚 0、1,重新上传。

② 测试 ESP8266 模块时,在监视器中输入 AT,显示:

```
"AT is failed"
```

故障原因:串口引脚接错,例如,软件串口 2 连接了 ESP8266 的 RX,软件串口 3 连接了 ESP8266 的 TX。此时应该调换一下,故障就可以排除。

复 习 题

1. BT04 蓝牙模块更改设备名称的 AT 指令为＿＿＿＿＿＿＿＿＿。
　　A. NAME　　　　　　　　　　　　B. AT＋NAME 参数
　　C. AT＋NAME＝参数　　　　　　 D. NAME＝参数
2. HC05 蓝牙模块更改蓝牙密码的 AT 指令为 1111,语句正确的是＿＿＿＿＿＿＿＿＿。
　　A. 1111　　　　　　　　　　　　 B. AT＋PSWD1111
　　C. AT＋PSWD＝1111　　　　　　 D. AT＋PSWD＝1111
3. 红外通信是一种利用＿＿＿＿＿＿＿＿＿进行数据传输的无线通信方式,是目前使用最广泛的一种通信和遥控手段。红外遥控分别是由＿＿＿＿＿端和＿＿＿＿＿端来完成的。＿＿＿＿＿端实际上是由一个红外发光二极管和相应的编码电路组成的。
4. 一体化红外接收头 VS1838B 上集成的红外接收头的 3 个引脚由左到右依次为＿＿＿＿＿＿＿＿＿(数据输出)、＿＿＿＿＿＿＿＿＿(地)和＿＿＿＿＿＿＿＿＿(电源)。
5. 最基本的 RFID 系统由＿＿＿＿＿＿＿＿＿、＿＿＿＿＿＿＿＿＿、＿＿＿＿＿＿＿＿＿ 3 部分组成。
6. 图 6.39 所示蓝牙通信电路的遥控程序如下,请将代码补充完整。

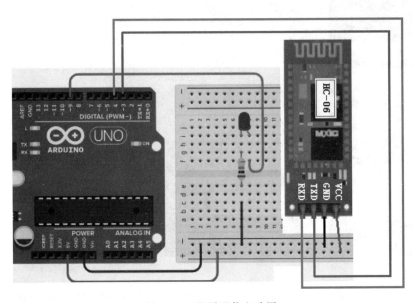

图 6.39　蓝牙通信电路图

```
# include<_____>              //软件串口头文件
SoftwareSerial _____;         //新建对象 BT,并初始化
char val;  //存储接收的变量
void setup()
{
BT.begin(9600);
_____;                        //设置 9 号引脚的模式
 }
void loop()
{
if(BT.available()>0)
{
val = _____;                  //读取蓝牙数据
val = val-'0';
if(val == 1)
_____;                        //LED 点亮
else if(val == 0)
digitalwrite(9,LOW);
}
}
```

7. 红外遥控键盘编码读取程序如下,请将代码补充完整。

```
# include<_____>              //注意编译时,添加红外遥控头文件
int RECV_PIN = 11;                   //定义 RECV_PIN 变量为 11
_____                 //新建 irrecv 对象,并初始化
decode_results results;              //定义 results 变量,为红外结果存放地址
void setup()
{
_____                 //设置串口波特率为 9 600
_____                 //启用红外接收器
}
void loop() {
//解码成功,把数据放入 results 变量中
  if (irrecv.decode(&results)) {
  Serial.println(results.value,HEX);  //以十六进制换行输出红外编码
  _____                //接收下一个编码
  }
}
```

第 7 章　电机与驱动

7.1　直 流 电 机

直流电机是将直流电能转换成机械能的旋转电动机,可通过控制直流电机的电压来调节电机的转速,控制正负极的方向,从而使电机正转或反转。直流电机因其良好的调速性能而得到广泛应用。

7.1.1　直流电机的工作原理

直流电机通过电磁感应原理带动转子旋转,通过转子上的轴输出动力。

图 7.1 为直流电动机的物理模型,N、S 为定子磁极,*abcd*(电枢绕组)是可旋转的线圈,A、B 为固定不动的碳质电刷。线圈的首末端 *a*、*d* 分别连接到两个相互绝缘并可随线圈一起旋转的换向器 *E*、*F* 上。转子线圈通过固定不动的电刷与外接直流电路相连接。

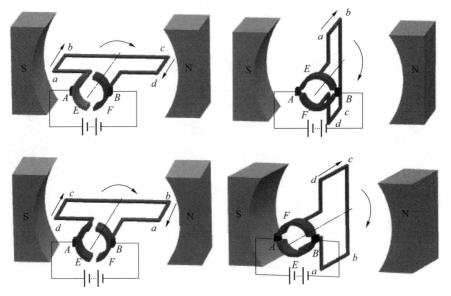

abcd 电枢绕组;*E*、*F* 换向器;*A*、*B* 电刷。

图 7.1　直流电机的工作原理

在图 7.1(a)中,由左手定则可以判断 *ab* 段受力向上,*cd* 段受力向下。这两个力是一对力偶,在力偶矩的作用下,线圈做顺时针转动。

当线圈转到 90°时,如图 7.1(b)所示,换向器与碳刷无接触,线圈不受力。由于惯性,线圈将继续转动。

当线圈转过 90°以后,换向器换向,线圈上的电流发生变化。当线圈转到 180°时,如图 7.1(c)所示,由左手定则得 ab 受力向下,cd 受力向上。在力偶矩的作用下,线圈仍做顺时针转动。

当线圈转到 270°时,如图 7.1(d)所示,换向器与碳刷无接触,线圈不受力。由于惯性,线圈将继续转动。

换向器可自动改变线圈中电流的方向,使得线圈可以沿一个方向不停地转动。

7.1.2　直流电机的基本构造

直流电机的基本构造如图 7.2 所示,分为两部分:转子部分与定子部分。

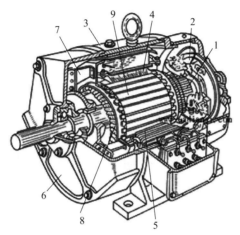

1 换向器; 2 电刷装置; 3 机座; 4 主磁极; 5 换向极;
6 端盖; 7 风扇; 8 电枢; 9 铁心

图 7.2　直流电机的基本构造

1. 转子的主要部分

转子包括电枢铁心、电枢绕组、换向器等。

（1）电枢铁心

电枢铁心由硅钢片冲制叠压而成,在外圆上有分布均匀的槽用来嵌放绕组。电枢铁心也是电机磁路的一部分。

（2）电枢绕组

电枢绕组是产生感应电动势或电磁转矩,实现能量转换的主要部件。它由许多绕组元件构成,按一定规则嵌放在铁心槽内和换向器相连,使各组线圈的电动势相加。

（3）换向器

换向器是由许多换向片构成的圆柱体,相邻两个换向片之间用云母绝缘,电枢绕组每一个线圈两端接在两个换向片上。

2. 定子的主要部分

定子包括主磁极、换向极、电刷装置、机座等。

（1）主磁极

主磁极用来在电机中产生磁场。直流电机的磁场可以是永久磁铁产生的,也可以是励磁绕组通直流电产生的。励磁磁极由主磁极铁心和励磁绕组两部分组成。铁心一般用 0.5～1.5 mm 厚的硅钢板冲片叠压铆紧而成,分为极身和极靴两部分,上面套励磁绕组的部分称为极身,下面扩宽的部分称为极靴,极靴宽于极身,既可以调整气隙中磁场的分布,又便于固定励磁绕组。励磁绕组用绝缘铜线绕制而成,套在主磁极铁心上。

（2）换向极

换向极的作用是改善直流电机的换向性能,减小电机运行时电刷与换向器之间可能产生的换向火花。换向极一般装在两个相邻主磁极之间,由换向极铁心和换向极绕组组成。换向极绕组用绝缘导线绕制而成,套在换向极铁心上。换向极的数目与主磁极相等。

（3）电刷装置

电刷装置主要由电刷、加压弹簧和电刷盒等组成,其作用是保证电枢的转矩方向不变。

7.1.3　直流电机的分类

励磁绕组与电枢绕组的不同连接方式决定了电机的励磁方式。直流电机按照励磁方式可分为他励直流电机、并励直流电机、串励直流电机、复励直流电机。

（1）他励直流电机

他励直流电机的励磁绕组和电枢绕组分别由两个直流电源供电。

（2）并励直流电机

并励直流电机的励磁绕组与电枢绕组并联,由一个直流电源供电。

（3）串励直流电机

串励直流电机的励磁绕组与电枢绕组串联后,再接于直流电源上。

（4）复励直流电机

复励直流电机有并励和串励两个励磁绕组。

不同励磁方式的直流电机有着不同的特性。一般情况下,直流电机的主要励磁方式是并励式、串励式和复励式。

7.1.4　芯片 ULN2003A 及其驱动

Arduino 控制板的数字口只能输出小于 50 mA 的电流,所以不能直接驱动直流电机,电机的驱动需要大电流,要借助于驱动芯片,如 ULN2003A、L293D、L298N 等。

1. 芯片 ULN2003A

芯片 ULN2003A 内部是达林顿管,它的输出电压可以达到 50 V,输出电流为 500 mA。它具有电流增益大、工作电压高、带负载能力强的特点,可用于驱动直流电机、步进电机、继电器等大功率器件。芯片 ULN2003A 有 7 个脉冲输入端引脚 1～7,与之对应的有 7 个脉冲输出端引脚 16～10,因此最多可以驱动 7 路直流电机。引脚 8 接地,引脚 9 接电源的正极。

利用 Arduino 板、芯片 ULN2003A 驱动直流电机的原理如图 7.3 所示。

2. 直流电机驱动示例

【例 7.1】 用芯片 ULN2003A 控制 1 个直流电机

实验要求:通过电位器控制直流电机的转速。

直流电机的调速就是调节其两端的电压。这里使用通用的 PWM 方法控制电机的转速,实际上是控制有效电压。实验的具体过程请扫描二维码。

例 7.1 的实验过程

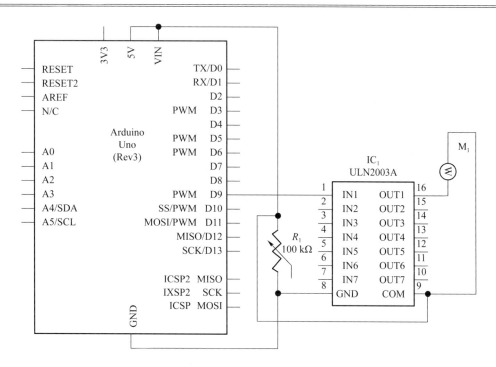

图 7.3　直流电机驱动电路原理图

（1）电路连接

电路连接如图 7.4 所示。

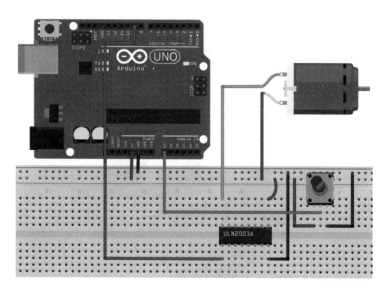

图 7.4　例 7.1 的电路连接图

（2）程序示例

```
const int analogInPin = A0;              //模拟输入引脚
const int analogOutPin = 9;              //PWM 输出引脚
int sensorValue = 0;                     //电位器电压值
```

```
int outputValue = 0;           //模拟量输出值(PWM)
void setup()
{
  Serial.begin(9600);//初始化串口参数
}
void loop() {
  sensorValue = analogRead(analogInPin);     //读取模拟量值
  outputValue = map(sensorValue,0,1023,0,255);  //变换数据区间
  analogWrite(analogOutPin,outputValue);//输出对应的 PWM 值
   //打印结果到串口监视器
  Serial.print("sensor = ");
  Serial.print(sensorValue);
  Serial.print("\t output = ");
  Serial.println(outputValue);
  delay(2);  //等待 2 ms 进行下一个循环,确保能稳定读取下一次的数值
}
```

7.1.5　L298N 驱动板及其应用

1. L298N 驱动板

L298N 驱动板是一种集成的电机驱动模块,它可以对直流电机的旋转速度和方向进行控制。除此以外,它还可以控制继电器、步进电机等负载。不同型号 L298N 驱动板的引脚数量不同,但引脚的功能是相同的。L298N 的主要引脚如图 7.5 所示,其可控制两个直流电机。

图 7.5　L298N 驱动板

① IN1～IN4:用于控制电机旋转方向的引脚,接 Arduino 的数字引脚。其中 IN1 和 IN2 控制电机 A,IN3 和 IN4 控制电机 B。如果给 IN1 高电平,给 IN2 低电平,则电机正转;如果给 IN1 低电平,给 IN2 高电平,则电机反转;如果给 IN1 和 IN2 相同的电平值,电机停止转动,如

表 7.1 所示。

② ENA 和 ENB：控制电机的转速，接 Arduino 的 PWM 引脚。模拟输出值越大，即有效电压越大，则电机的转速越快；反之，转速越慢。不同 L298N 驱动板的 ENA 和 ENB 会有所不同。有的 L298N 驱动板的 ENA 和 ENB 引脚会有两根引脚针。如果利用跳线帽将 ENA 两个引脚罩住，再给 IN1、IN2 不同的电平值，那么电机将以最高的速度旋转，且不能对电机进行调速。如果想要对 IN1 和 IN2 引脚控制的电机调速，要将 ENA 的跳线帽摘掉，接 ENA 靠外的那根引脚。

③ 电机 A 和电机 B：两个输出引脚，分别是连接电机 A 的两个引脚和电机 B 的两个引脚。

④ VS 和 GND：用于为 L298N 驱动板供电。VS 接 12 V 电源的正极，GND 既接电源的负极，同时也要连接 Arduino 板的 GND。

⑤ VSS：输出电压＋5 V，可以为 Arduino 板供电，接 Arduino 板的 Vin 端口。当然如果 Arduino 板有外接电源，可以不连接。

表 7.1　L298N 模块控制电机逻辑

ENA(ENB)	IN1(IN3)	IN2(IN4)	功　能
HIGH	HIGH	LOW	正转
HIGH	LOW	HIGH	反转
HIGH	HIGH	HIGH	停止
HIGH	LOW	LOW	停止
LOW			停止

2. 应用示例

【例 7.2】　用 L298N 驱动板控制一个直流电机

实验的具体过程请扫描二维码。

例 7.2 的实验过程

（1）电路连接

L298N 的 ENA 接 Uno 主板的 9 号引脚，IN1 和 IN2 接 Uno 主板的 3 号和 4 号引脚。IN1 和 IN2 两个引脚控制 L298N 驱动板上的电机 A，驱动电机旋转。L298N 驱动板的 VS 和 GND 引脚与电源的正极和负极相连，Uno 主板的 GND 引脚连接 L298N 驱动板的 GND 引脚，两者共地，如图 7.6 所示。

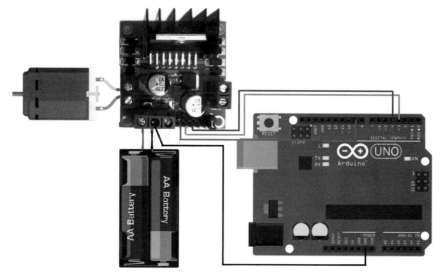

图 7.6　例 7.2 的电路连接图

大多数型号的 L298N 都要与 Uno 主板共地,电机才能转动。所谓共地,就是把 L298N 和 Uno 的 GND 用导线连接起来。只有共地之后,L298N 才能判别 ENA、IN、IN2 电压的高低。如果 L298N 和 Uno 主板都由电池盒供电,则两者已经共地,不用再另接共地线。

(2) 程序示例

```
//定义部分
#define IN1 3
#define IN2 4
Define ENA 9
//初始化部分
void setup(){
  pinmode(IN1,OUTPUT);
  pinmode(IN2,OUTPUT);
  pinmode(ENA,OUTPUT);
  digitalWrite(ENA,HIGH);
}
//主函数部分
void loop()
{
  for(int i=200;i<240;i++)              //电机的速度越来越快
  {
  digitalWrite(IN1,HIGH);
  digitalWrite(IN2,LOW);
  analogWrite(ENA,i);
  }
    delay(3000);
    digitalWrite(IN1,LOW);
    digitalwrite(IN2,LOW);
    delay(2000);                        //电机停止旋转 2 s
    digitalwrite(IN1,HIGH);
    digitalwrite(IN2,LOW);
    delay(5000);                        //电机向正方向转动 5 s
    digitalwrite(INI,LOW);
    digitalwrite(IN2,LOW);
    delay(2000);                        //电机停止旋转 2 s
    digitalwrite(INI,LOW);
    digitalwrite(IN2,HIGH);
    delay(5000);                        //电机向相反的方向转动 5 s
    digitalWrite(INI,LOW)
    digitalWrite(IN2,LOW)
    delay(2000);                        //电机停止旋转 2 s
}
```

7.2　舵　　机

舵机(也叫伺服电机)，顾名思义，是用来控制舵的，如轮船的方向舵、飞机的方向舵等，这些运动机构都不需要连续旋转，只是需要控制在一定的角度上。由于舵机具有准确的舵位控制功能，因此在关节型机器人的设计中应用普遍。除此之外，舵机在航模、加工中心、监控等领域也有广泛的应用。

7.2.1　舵机的组成与工作原理

舵机在直流电机的基础上添加了减速齿轮组、位置反馈电位器和控制电路板等，如图 7.7 所示。当需要舵机转到一定角度时，控制电路板接收来自信号线的控制信号(脉宽调制信号)，控制电机转动，电机带动一系列齿轮组，减速后传动至输出舵盘。舵机的输出轴和位置反馈电位器是相连的，舵盘转动的同时带动位置反馈电位器，电位器输出一个电压信号到控制电路板进行反馈，如果反馈位置不是所需要的位置，电机则会朝需要的方向转动，直至转到指定位置，电位器反馈信息促使舵机停止转动。所以采用舵机驱动可以利用舵机自身的闭环特性，而不需要另外设计反馈电路，其高精度的输出主要归功于内部的反馈电路。

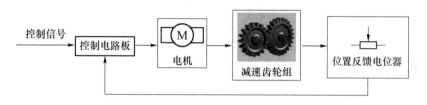

图 7.7　舵机的组成

舵机的主要规格是扭矩与反应转速。

扭矩的单位是 N/m，在舵机规格中一般使用 kg/cm，即在 1 cm 的位置施加多少千克的力。

反应转速的单位是 s/60°，即输出轴转过 60°需要花费的时间。在通常情况下，反应转速越高，舵机精度越低，所以需要根据具体应用在两者之间做出取舍。

舵机通常不可以连续旋转，最大转动角度为 180°。舵机一般是通过 PWM 信号控制的，根据信号占空比的不同来改变舵机的位置。最常见的舵机一般使用周期为 20 ms(频率为 50 Hz)的 PWM 信号。在周期为 20 ms 的 PWM 信号中，高电平的时间通常为 0.5～2.5 ms，对应于舵机角度的 0°～180°(或者−90°～90°)。通常规定，当脉冲宽度为 1.5 ms 时，舵机输出轴应该在中间位置，即 90°位置。表 7.2 和图 7.8 所示为一个典型舵机接收的 PWM 信号高电平持续时间与舵机转动角度的关系。

表 7.2　典型舵机 PWM 信号高电平持续时间与舵机转动角度的关系

PWM 信号高电平持续时间	舵机转动角度
0.5 ms	0°或−90°
1.5 ms	90°或 0°
2.5 ms	180°或 90°

表 7.2 中只列出了几个特殊的角度,这并不是意味着舵机只可以转动到这个角度。舵机可以转动到 $0°\sim180°$ 之间的任意角度,其对应关系也很容易计算,即

$$(2.5-0.5)\text{ms}/(180-0)° \approx 0.01\text{ ms}/(°)$$

即高电平持续时间每增加大约 0.01 ms(范围在 $0.5\sim2.5$ ms 之间),则舵机的转动角度增加 $1°$(范围在 $0°\sim180°$ 之间)。那么,舵机转动到 $30°$ 的位置对应的 PWM 信号高电平持续时间为

$$0.5\text{ ms}+30°\times0.01\text{ ms}/(°)=0.8\text{ ms}$$

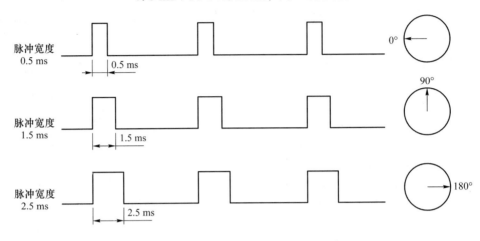

图 7.8　舵机的脉冲宽度与转动角度的关系

7.2.2　舵机的引脚

舵机只有 3 条线:电源线(VCC)、接地线(GND)和信号线,如图 7.9 所示。电源线一般为红色,接地线一般为黑色或者棕色,信号线一般为白色或黄色。小功率舵机的电源线可以直接接 Arduino 的 5 V 电源引脚,接地线需要接 Arduino 的 GND 引脚,信号线接 Arduino 的数字引脚。综上所述,舵机与 Arduino 连接只有一条特殊的信号线。

图 7.9　舵机

7.2.3　舵机的控制方式

舵机的控制信号是 PWM 信号,该信号周期不变,高电平的时间决定舵机的实际位置。用 Arduino 控制舵机的方法有两种:一种是通过 Arduino 的普通数字传感器接口产生占空比不同的方波,模拟 PWM 信号进行舵机定位;另一种是直接利用 Arduino 自带的 Servo 函数进行舵

机的控制。

采用第一种方法时,小功率舵机的信号线可以直接连接在 Arduino 的 9 号引脚上,这是因为 Arduino 默认输出的 PWM 信号频率要比 50 Hz 高得多,实际能输出 50 Hz 的只有两个 PWM 引脚,就是 Arduino 上的第 9、10 号引脚。所以,若用 Arduino 直接控制舵机,最多可以控制两个。这两个引脚的 PWM 信号可以简单地使用 delaymicroseconds() 函数来产生,但其缺点是只能使舵机停在一个角度,不可以连续地改变角度。

第二种方法就是使用 Arduino 的定时器/计数器。这种方法可以精确地产生舵机需要的 PWM 信号频率。由于其实现起来并不是那么直观,所以 Arduino 官方库中提供了 Servo 库来供我们使用。Servo 库可以很好地弥补控制函数的不足,它可以控制舵机连续变换角度,还可以适配各种类型的舵机。

Arduino 的驱动能力有限,所以当需要控制 1 个以上的舵机时需要外接电源。

7.2.4　函数库 Servo

Servo 库是 Arduino 专门为操作舵机而设计的一个库。它非常简单易用,功能强大。例如,在大多数 Arduino 控制板上,其可以同时控制 12 个舵机。Servo 库提供的主要函数如下。

1. Servo() 函数

函数功能:Servo 类的构造函数,没有参数,没有返回值。在使用 Servo 库函数前需要定义一个类名为 Servo 的对象,例如,取名为 myservo。

语法格式如下:

```
Servo myservo;
```

2. attach() 函数

函数功能:将 Arduino 控制板通过一个数字引脚与舵机的信号线建立连接。输入参数为 pin,即 Arduino 控制板与舵机的信号线相连接的数字引脚。

语法格式如下:

```
myservo.attach(pin);
```

3. detach () 函数

函数功能:将 Arduino 控制板与舵机断开连接,没有参数,没有返回值。

语法格式如下:

```
myservo.detach();
```

4. write() 函数

函数功能:向连接的引脚写入指定的脉冲宽度或者对应的角度来控制舵机的位置。输入参数为 value,当小于 200 时作为角度,单位为度(°);当大于等于 200 时作为脉冲宽度,单位为微秒(μs)。

语法格式如下:

```
myservo. write(value);
```

5. writeMicroseconds() 函数

函数功能:向连接的端口写入指定的脉冲宽度。输入参数为 value,单位为微秒(μs)。

语法格式如下:

```
myservo. writeMicroseconds (value);
```

6. read( ) 函数

函数功能:用于读取舵机的角度,可理解为读取最后一条 write( )命令中的值。无输入
参数。

语法格式如下:

```
myservo.read();
```

7. attached( ) 函数

函数功能:判断舵机参数是否已发送到舵机所在的接口。如果已经绑定就返回 true,否则
返回 false。无输入参数。

语法格式如下:

```
myservo. attached();
```

7.2.5　Arduino 直接驱动示例

【**例 7.3**】 通过电位器控制小功率舵机转到一定的角度
实验的具体过程请扫描二维码。

例 7.3 的实验过程

1. 电路连接

电路连接如图 7.10 所示。

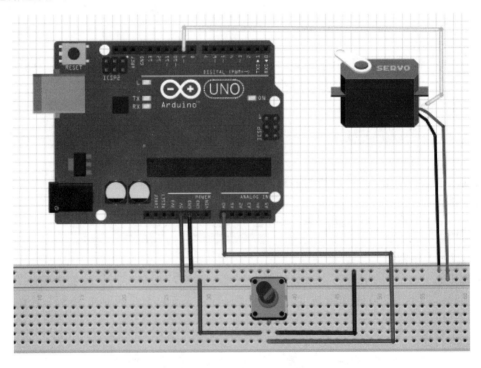

图 7.10　例 7.3 的电路连接图

在图 7.10 中,舵机信号线接 9 号引脚,可变电阻器输出引脚接 A0。

2．程序示例

```
# include< Servo. h>              //定义头文件
Servo myservo;                    //创建舵机对象
int potpin = A0;                  //设定可变电阻的模拟口
int value;                        //创建变量,存储从模拟口读取的值
void setup() {
  myservo.attach(9);              //定义舵机引脚,9号引脚输出舵机控制信号
}
void loop() {
value = analogRead(potpin);       //读取模拟变量的值(0～1 023)
value = map(val,0,1023,0,180);    //映射函数值,得到舵机需要的角度
myservo.write(value);             //设置舵机旋转的角度
delay(15);                        //延迟 15 ms
}
```

在使用电机的时候,有一个要特别关心的参数,就是电流。使用 Arduino 时一般都是用计算机的 USB 接口来给舵机供电,计算机的 USB 接口最大输出电流在 0.5 A 左右,所以在没有任何负载的情况下,电机也许可以顺利转动,但是要接多个舵机或是舵机有负载的时候,电流可能会超出负荷,轻则电机不动,重则损坏 USB 接口。

7.2.6　舵机驱动模块的应用

当需要同时控制多个舵机,如机械臂关节处的舵机时,就不能直接用 Arduino 来驱动,因为 Arduino 的电流不足以驱动所有舵机,需要借助于舵机扩展板来控制。如果直接将所有的舵机都连接到 Arduino 上,舵机将不能正常工作。

当需要扩展板控制舵机时,扩展板一定要外接独立的电源供电,如 5 V-2 A 的独立电源。外接电源电压一般要大于 5 V,因为大多数舵机工作在 5～6 V。单个舵机工作,轻载时电流为几百毫安,重载时电流为 1 A 左右,所以当多个舵机同时工作时,电流会很大。

1．舵机驱动模块

图 7.11 所示的舵机扩展板采用叠层设计,不仅将 Arduino Uno 的全部数字与模拟接口以舵机线序形式扩展出来,还特设 IIC 接口、舵机控制器接口、蓝牙模块通信接口、SD 卡模块通信接口、APC220 无线射频模块通信接口、超声波传感器接口、12864 液晶串行与并行接口,独立扩出更加容易、方便。

2．应用示例

【例 7.4】　控制 3 个舵机转动到一定的角度

(1)电路连接

按照图 7.12 进行设计。实验的具体过程请扫描二维码。

例 7.4 的实验过程

图 7.11　舵机扩展板

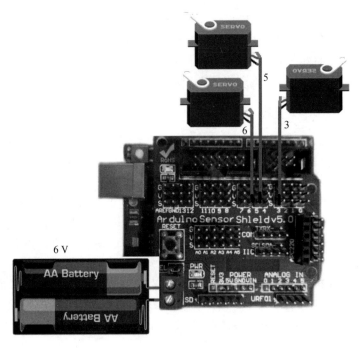

图 7.12　电路连接图

（2）程序代码

```
# include < Servo. h >
Servo servo1;
Servo servo2;
Servo servo3;
int i = 0;
void setup() {
    servo1.attach(3);
```

```
    servo2.attach(5);
    servo3.attach(6);
}
void loop() {
    for (i = 10; i < 160; i = i + 5) {
        servo1.write(i);
        servo2.write(i);
        servo3.write(i);
        delay(10);
    }
    delay(2000);
    for (i = 160; i > 10; i = i - 5) {
        servo1.write(i);
        servo2.write(i);
        servo3.write(i);
        delay(10);
    }
    delay(2000);
}
```

7.3　步　进　电　机

随着机电一体化技术的不断发展,步进电机作为机电一体化系统中常见的执行装置得到了广泛应用,如应用在机器人、数控机床、打印机等设备中。

7.3.1　步进电机简介

1. 步进电机的工作原理

步进电机利用电磁铁原理将电脉冲信号转换为角位移或线位移。步进电机不同于普通的直流电机和舵机,它是通过脉冲信号控制的,每收到一个脉冲信号,步进电机的输出轴会按设定的方向转动一个固定的角度,称为步距角(一步)。步进电机可以将一个完整的操作分成多步来完成,可以通过控制脉冲的个数来控制角位移量,脉冲数增加,位移量随之增加,还可以通过脉冲的频率来控制电机转动的速度和加速度,脉冲的频率增高,则角速度增大。

步进电机不同于舵机(舵机只能旋转一定范围的角度),它可以连续旋转。除了可以连续旋转之外,步进电机与舵机的不同之处还在于内部并没有反馈电路,它是一种开环控制。

常用的步进电机分为 3 种:反应式步进电机(VR)、永磁式步进电机(PM)和混合式步进电机(HB)。在这里以四相反应式步进电机为例,介绍其结构原理。如图 7.13 所示,固定的部分叫作定子,定子铁心上有 8 个均匀分布的励磁绕组,其中,绕组是两两相对的,即相对的两个绕组接的是同一条线。如果将 12 点钟方向的绕组命名为 A,按照逆时针方向分别将其他绕组命名为 B、C、D,与之对应的绕组命名为 A'、B'、C'、D'。中间活动的部件叫作转子,转子是由软磁材料制成的,没有绕组,只是均匀分布着 6 个齿,每两个齿之间的角度是 $60°$(齿距)。当定子的线圈励磁后,最近的转子上的齿就会被吸引,与定子上的齿对齐。下面对单相励磁的通电方式进行介绍,从而使读者了解步进电机的动作过程。

第一拍 A 相通电,其余三相不通电,由于磁场作用,齿 1 与 A 对齐,此时齿 2 与 B 错开 15°,如图 7.13(a)所示。

第二拍 B 相通电,其余三相不通电,齿 2 应与 B 对齐,此时转子顺时针转过 15°,齿 3 与 C 错开 15°,如图 7.13(b)所示。

第三拍 C 相通电,其余三相不通电,齿 3 应与 C 对齐,此时转子又顺时针转过 15°,齿 4 与 D 错开 15°,如图 7.13(c)所示。

第四拍 D 相通电,其余三相不通电,齿 4 与 D 对齐,此时转子又顺时针转过 15°,齿 5 与 A′(2 与 A)错开 15°,如图 7.13(d)所示。

如此重复单四拍的通电顺序,即 A、B、C、D。在下一循环中,当 A 通电时,齿 2 与 A 对齐,如图 7.13(e)所示。从图 7.13 中可以看出,经过一个通电周期,转子转动了一个齿距,即 60°。如果不断地按 A、B、C、D 通电,电机就每步(每脉冲)转动 15°,即 1/4 个齿距。

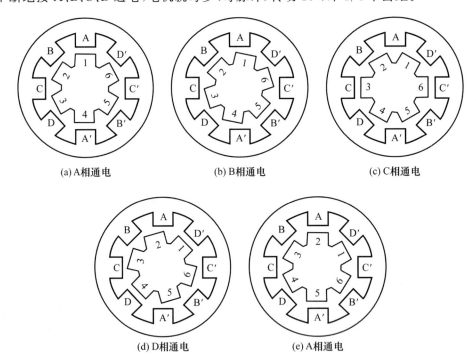

(a) A 相通电　　　(b) B 相通电　　　(c) C 相通电

(d) D 相通电　　　(e) A 相通电

图 7.13　四相反应式步进电机的工作原理

如按 A、D、C、B、A 通电,电机将反转。由此可见,电机的位置和速度由脉冲数和频率决定,而方向由通电顺序决定。不过,出于对力矩、平稳、噪声及减少角度等方面的考虑,往往采用 A、AB、B、BC、C、CD、D、DA、A 这种导电状态,这样可将原来每步 1/4 个齿距改变为 1/8 个齿距。

2. 步进电机的基本参数

步进电机主要有以下几个参数:相数、拍数、步距角、保持转矩、静转矩等。

(1) 相数

步进电机的相数是指产生不同对极 N、S 磁场的励磁线圈对数,常用 m 表示。目前常用的有两相、三相、四相、五相步进电机。

（2）拍数

步进电机的拍数是指完成一个磁场周期性变化所需脉冲数或通电次数,用 n 表示,或指电机转过一个齿距角所需脉冲数。以四相步进电机为例,有单四拍运行方式、双四拍运行方式、八拍运行方式。

（3）步距角

对应一个脉冲信号,电机转子转过的角位移用 θ 表示。$\theta = 360°/$（转子齿数 $z \times$ 拍数 n）。以常规四相、转子齿为 50 齿的电机为例,四拍运行时步距角为 $\theta = 360°/(50 \times 4) = 1.8°$（俗称整步）,八拍运行时步距角为 $\theta = 360°/(50 \times 8) = 0.9°$（俗称半步）。

（4）保持转矩

保持转矩是步进电机通电但没有转动时,定子锁住转子的力矩,是步进电机的重要参数之一。

（5）静转矩

当步进电机不改变通电状态时,转子处于不动的状态,叫作静态。电机处于静态时,电机转轴的锁定力矩叫作静转矩。

7.3.2　步进电机的控制

1. 步进电机的励磁方式

常见的四相步进电机通电方式有单四拍、双四拍和八拍。其中的"单"和"双"表明在同一时刻有几相绕组通电,"拍"表示经过几步完成一次通电循环。

单四拍也叫 1 相励磁,也就是 4 对线圈依次通断电,顺序为 A、B、C、D、A,如表 7.3 所示。单四拍方式的特点是功耗小,振动大,并且输出转矩小。

双四拍指的是 2 相励磁,也就是一次有两对线圈同时通电,顺序为 AB、BC、CD、DA、AB,如表 7.4 所示。由于双四拍是两个线圈提供磁力,所以输出转矩较大并且振动小,当然功耗也大。

八拍指的是 1-2 相励磁,4 对线圈通电顺序为 A、AB、B、BC、C、CD、D、DA、A,如表 7.5 所示。八拍的特点是精度高,运转平稳,功耗介于单四拍和双四拍之间。

表 7.3　单四拍						表 7.4　双四拍						表 7.5　八拍				
步	A	B	C	D		步	A	B	C	D		步	A	B	C	D
1	1	0	0	0		1	1	1	0	0		1	1	0	0	0
2	0	1	0	0		2	0	1	1	0		2	1	1	0	0
3	0	0	1	0		3	0	0	1	1		3	0	1	0	0
4	0	0	0	1		4	1	0	0	1		4	0	1	1	0
5	1	0	0	0		5	1	1	0	0		5	0	0	1	0
6	0	1	0	0		6	0	1	1	0		6	0	0	1	1
7	0	0	1	0		7	0	0	1	1		7	0	0	0	1
8	0	0	0	1		8	1	0	0	1		8	1	0	0	1

2. 步进电机与驱动模块

28BYJ-48 步进电机（如图 7.14 所示）比较常见,28 表示步进电机的外形尺寸为 28 mm,4 表示绕组数,这种型号的步距角是 5.625°,也就是说转子转一圈需要 64 步。28BYJ-48 步进电机是单极式步进电机,有 4 组绕组,再加上公共端接头,所以是 5 根线。

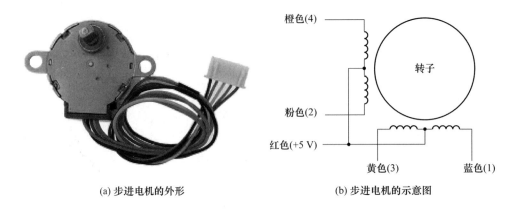

(a) 步进电机的外形　　　　　　　(b) 步进电机的示意图

图 7.14　28BYJ-48 步进电机

步进电机需要的驱动电流很大,因此直接使用单片机往往管脚上的电流不够大,因此需要电路转换。

常用 ULN2003 芯片驱动步进电机。ULN2003 起到了放大电流的作用,电流可达到 500 mA。除了用 ULN2003 以外,还可以用三极管搭建电路,原理与 ULN2003 内部电路类似。步进电机与 ULN2003 的电路连接如图 7.15 所示。

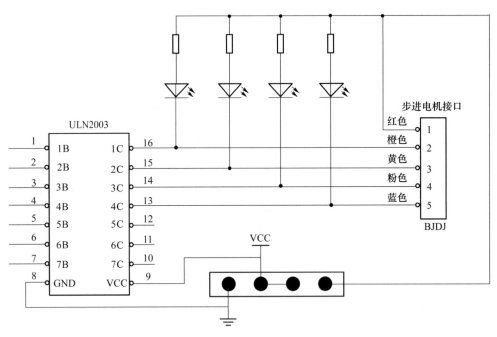

图 7.15　步进电机与 ULN2003 的电路连接

7.3.3　步进电机的库函数

为了方便控制步进电机,Arduino 官方自带了 Stepper 库函数。使用库函数时,需要在程序代码的第一行调用库函数。

```
# include<Stepper.h>    //包含头文件
```

由于库函数是利用 C++语言编写的,而 C++语言是面向对象的语言,因此需要创建一个关于步进电机的对象。

（1）Stepper(steps,pin1,pin2,pin3,pin4)

例如：

```
Stepper mystepper(steps,pin1,pin2,pin3,pin4)
```

创建类名为 Stepper 的对象 mystepper,创建的对象共有 5 个参数。

- steps:指步进电机转动一周需要的步数。
- pin1～pin4:是步进电机与 Uno 主板相连接的 4 个引脚号。

（2）setSpeed()

```
mystepper.setSpeed(rpm);
```

设置步进电机转动的转速,参数 rpm 即电机每分钟的转数,单位是 r/min。

（3）step()

```
mystepper.step(steps);
```

设置步进电机转动的步数,以此使步进电机转动设定的角度。参数 steps 为电机的旋转步数。

7.3.4 步进电机应用示例

【例 7.5】 用 ULN2003 控制步进电机转动

1. 电路连接

电路连接如图 7.16 所示。实验的具体过程请扫描二维码。

例 7.5 的实验过程

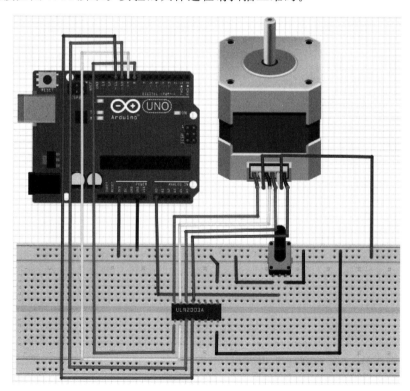

图 7.16 例 7.5 的电路连接图

2. 程序示例

（1）利用库函数驱动

```
# include<Stepper.h>
const int steps = 64;
Stepper myStepper(steps,8,10,9,11);
int val;
void setup()
{
  myStepper.setSpeed(200);           //设置步进电机转速为 200 r/min
  Serial.begin(9600);                //定义串口波特率
}
void loop() {
  val = analogRead(A0);
  val = map(val,0,1023,0,99);
  Serial.println(val);
  if(val>50){
    Serial.println("clockwise");
    //半步走的声音比较小,平稳些,启动时最好是半步走
    //四拍步距角俗称整步,八拍步距角俗称半步
    myStepper.step(steps/2);         //正转
    }
  else{
      Serial.println("counterclockwise");
      myStepper.step(-steps/2);      //反转
    }
  }
```

注意 myStepper(steps,8,10,9,11)的参数顺序,并不是连续的 4 个引脚号,否则电机转动异常。

（2）不用库函数,直接驱动电机正转(A-B-C-D)

```
int Pins[] = {8,9,10,11};
void setup() {
  for(int i = 0;i<4;i++)
  pinMode(Pins[i],OUTPUT);
}
void loop(){
for(int i = 0;i<4;i++) {
  digitalWrite(Pins[i],HIGH);
  delay(1000);
  digitalWrite(Pins[i],LOW);
}
}
```

（3）不用库函数,直接驱动电机反转(D-C-B-A)

```
int Pins[] = {8,9,10,11};
void setup(){
    for( int i = 0;i < 4;i++ )
    pinMode(Pins[i],OUTPUT);
}
void loop(){
    for( int i = 3;i >= 0;i-- ){
    digitalWrite(Pins[i],HIGH);
    delay(1000);
    digitalWrite(Pins[i],LOW);
    }
}
```

将代码输入 Arduino 的编程环境中进行编译,编译成功后将其上传至 Uno 主板,观察步进电机连续转动的角度与设定的角度是否相同。

复 习 题

1. 励磁绕组和电枢绕组分别由两个直流电源供电,按照励磁方式这属于_____。

　　A. 他励直流电机　　B. 并励直流电机　　C. 串励直流电机　　D. 复励直流电机

2. 电机的驱动需要大电流,要借助于驱动芯片,以下不能驱动直流电机的芯片是_____。

　　A. ULN2003　　　　B. L293D　　　　C. L298N　　　　D. L2M2596S

3. 关于电机驱动模块 L298,下列说法错误的是_____。

　　A. L298 电机驱动芯片有 IN1、IN2、IN3 和 IN4 4 个输入引脚

　　B. L298 电机驱动芯片有 OUT1、OUT2、OUT3 和 OUT4 4 个输出引脚

　　C. L298 电机驱动芯片两个启用引脚 ENA 和 ENB

　　D. L298 电机驱动芯片可同时控制 4 个直流电机

4. 因为可以精确、快速地调整角度而广泛应用于机器人运动控制的是_____。

　　A. 直流电机　　　　B. 步进电机　　　　C. 伺服电机　　　　D. 交流电机

5. 调用 Servo 类库的正确语句是_____。

　　A. #include<Servo. h>　　　　　　B. #include<Servo. h>;

　　C. include<Servo. h>;　　　　　　 D. include<Servo>;

6. 若三相反应式步进电机的转子齿数为 50,其齿距角为_____。

　　A. 7.2°　　　　　B. 120°　　　　　C. 360°　　　　　D. 120°

7. 步进电机的转子齿数为 60,当四相八拍运行时,其步距角为_____。

　　A. 1.5°　　　　　B. 0.75°　　　　　C. 45°　　　　　D. 90°

8. 某三相反应式步进电机的初始通电顺序为 A→B→C,下列可使电机反转的通电顺序为_____。

　　A. C→B→A　　　　B. B→C→A　　　　C. A→C→B　　　　D. B→A→C

9. 舵机只有 3 条线:电源线(VCC)、接地线(GND)和信号线。_____一般为红色,_____一般为黑色或者棕色,_____一般为白色或黄色。小功率舵机的电源线可以直接接到 Arduino 的 5 V 电源引脚,接地线需接到 Arduino 的 GND 引脚,信号线接到 Arduino 的数字引脚。

10. 步进电机利用电磁铁原理将_____信号转换为_____或_____。步进电机不同于普通的直流电机和舵机,是通过脉冲信号控制的,每收到一个_____信号,步进电机的输出轴会按设定的方向转动一个固定的角度,称为_____。

11. 图 7.17 所示舵机控制电路的控制程序如下,请将代码补充完整。

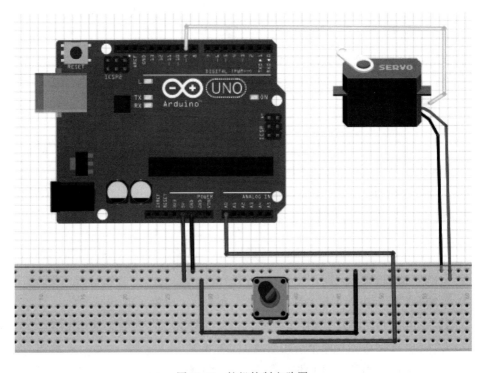

图 7.17　舵机控制电路图

```
# include<_____>              //定义舵机头文件
_____;                        //创建舵机对象 myservo
int potpin = 0;                      //设定可变电阻的模拟引脚
int val;                             //创建变量,存储从模拟口读取的值
void setup() {
_____;                        //根据图 7.17 中的连线,建立舵机与主板的连接
}
void loop() {
val = _____;                  //读取电位器的模拟变量的值
val = map(val,0,1023,0,180);         //映射函数值,得到舵机需要的角度
_____;                        //根据映射值,设置舵机旋转的角度
}
```

12. IN1～IN4 是用于控制电机旋转方向的引脚,其中 IN1 和 IN2 控制电机 A,IN3 和 IN4 控制电机 B。如果给 IN3 高电平,IN4 低电平,则电机正转。根据表 7.6 所示的功能要求,确定 IN3、IN4 输入的是高电平还是低电平。

表 7.6　L298N 模块控制电机逻辑

ENB	IN3	IN4	功能
HIGH	HIGH	LOW	正转
HIGH			反转
HIGH			停止
HIGH			停止

第 3 篇

Arduino 机器人实战案例
（基于"探索者"套件）

第8章 机器人机构基础

机器人离不开机械零件,用到的零件可机械加工,也可 3D 打印或直接购买。为了减少机器人的开发时间,使非机械专业的学生尽快入门,本书采用"探索者"基础套件实现以下机构的搭建。

8.1 机 构

8.1.1 零件

任何机器都是由许多零件组合而成的。"探索者"平台的主要零件采用铝镁合金材质,零件上开有通孔,常见零件的孔直径为 3 mm 和 4 mm,常见孔的中心距为 10 mm,如图 8.1 和图 8.2 所示。套件的其他零件见附录 1。

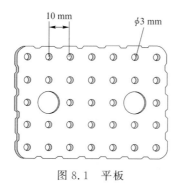
图 8.1 平板

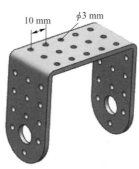
图 8.2 支架

8.1.2 构件

机构中有的零件是作为一个独立的运动单元体而运动的,有的则常常由于结构和工艺上的需要,与其他零件刚性地连接在一起作为一个整体而运动。固定连接的零件紧紧连在一起,它们之间不能发生相对移动和转动。这些刚性地连接在一起的零件共同组成一个独立的运动单元体,称为一个构件。所以从运动的观点来看,任何机器都是由若干个构件组合而成的。

"探索者"零件上的 3 mm 孔通常用于零件的固定。固定时,有时候会用到垫片、螺栓、螺母等。图 8.3 和图 8.4 所示分别为平板连接件和圆盘连接件。

图 8.3 平板连接件

图 8.4 圆盘连接件

8.1.3　运动副

机构指两个或两个以上的构件通过活动连接以实现规定运动的构件组合。当由构件组成机构时，需要以一定的方式把各个构件彼此连接起来，而被连接的两个构件之间仍需产生某些相对运动，这种连接显然不能是刚性的，因为如果是刚性的，两者便成为一个构件了。这种由两个构件直接接触而组成的可动的连接称为运动副，而两个构件上能够参加接触而构成运动副的表面称为运动副元素。运动副元素可以为面、点或者线。可见，运动副也是组成机构的基本要素。

运动副根据构成运动副的两个构件之间的相对运动来进行分类。把两个构件之间的相对运动为转动的运动副称为转动副或回转副，也称铰链，如图 8.5(a)所示；相对运动为移动的运动副称为移动副，如图 8.5(b)所示；相对运动既可以是沿轴线移动又可以是绕轴线转动的运动副称为圆柱副，如图 8.5(c)所示；相对运动为球面运动的运动副称为球面副，如图 8.5(d)所示。

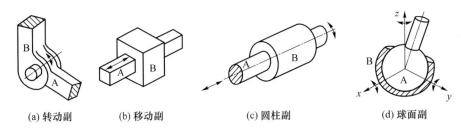

(a) 转动副　　　　(b) 移动副　　　　(c) 圆柱副　　　　(d) 球面副

图 8.5　运动副

在机构中常常还可以见到由 3 个或 3 个以上的构件在同一处构成运动副的情况，这种运动副称为复合运动副。图 8.6 所示的复合铰链便是由 3 个构件组成的同轴线的转动副。

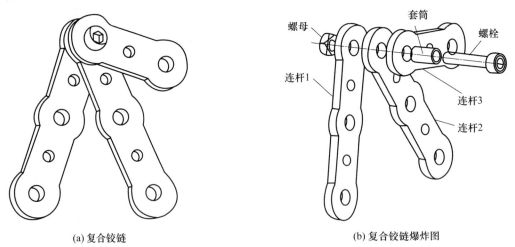

(a) 复合铰链　　　　　　　　　　(b) 复合铰链爆炸图

图 8.6　复合铰链

由于构成转动副和移动副的两构件之间的相对运动均为单自由度的最简单运动，故又把这两种运动副称为基本运动副，而其他形式的运动副则可看作由这两种基本运动副组合而成的。

运动副根据接触情况的不同来进行分类。两个构件通过单一的点或者线接触而构成的运动副统称为高副，例如，齿轮的啮合处是线接触，所以为高副。通过面接触而构成的运动副称为低副，图 8.5(a)和图 8.5(b)所示的运动副即为低副。

此外,根据构成运动副的两构件之间的相对运动是平面运动还是空间运动,可以把运动副分为平面运动副和空间运动副两大类。相对运动形式如何判断呢?可把其中的任意一个构件假想为不动的,让另外一个构件运动起来,如果运动的构件任意一点的轨迹始终与某一平面平行,那么相对运动为平面运动,否则为空间运动。例如,图 8.5(a)所示的转动副和图 8.5(b)所示的移动副都为平面运动副,图 8.5(c)所示的圆柱副和图 8.5(d)所示的球面副为空间运动副。

两构件在构成运动副之前,它们在空间中共有 6 个相对自由度,而当两构件构成运动副之后,它们之间的相对运动将受到约束。设连杆运动副的自由度以 F 表示,而其所受到的约束度以 S 表示,两构件构成运动副后所受的约束度最少为 1,最多为 5。运动副常根据其约束度进行分类:把约束度为 1 的运动副称为 I 级副,把约束度为 2 的运动副称为 II 级副,依此类推。

① 转动副:通常用字母 R 表示,它允许两相邻连杆绕关节轴线做相对转动,这种运动副具有一个转动的自由度,是 V 级副。

② 移动副:用字母 P 表示,它允许两相邻连杆沿关节轴线做相对移动,这种运动副具有一个移动的自由度,是 V 级副。

③ 圆柱副:用字母 C 表示,允许两连杆绕轴线转动的同时独立地沿轴线移动,具有两个自由度,是 IV 级副。

④ 球面副:用字母 S 表示,允许两连杆之间有 3 个独立的相对转动,具有 3 个自由度,是 III 级副。

⑤ 螺旋副:用字母 H 表示,允许两连杆绕轴线转动的同时按螺旋规则沿轴线移动,可以有左旋和右旋。这种运动副具有一个自由度,是 V 级副。

⑥ 平面副:用字母 E 表示,允许两连杆之间有 3 个相对运动,即两个沿平面的移动和一个垂直于该平面的转动。该运动副具有 3 个自由度,是 III 级副。

8.2　机构的自由度

欲使机构具有确定的运动,其原动件的数目应该等于该机构自由度的数目,机构的自由度又该怎样计算呢?

由于在平面机构中,各构件只做平面运动,所以每个自由构件具有 3 个自由度。而每个平面低副(转动副和移动副)各提供两个约束,每个平面高副只提供一个约束。设平面机构中共有 n 个活动构件(机架是固定的构件),在各构件尚未用运动副连接时,它们共有 $3n$ 个自由度。而当各构件用运动副连接之后,设平面机构中共有 P_l 个低副和 P_h 个高副,则它们将提供 $2P_l + P_h$ 个约束,故机构的自由度为

$$F = 3n - 2P_l - P_h \qquad (8.1)$$

【例 8.1】　计算平面四杆机构的自由度

如图 8.7 所示,该机构共有 3 个活动构件,4 个低副,没有高副,将 $n=3$,$P_l=4$ 带入式(8.1),得

$$
\begin{aligned}
F &= 3n - 2P_l - P_h \\
&= 3 \times 3 - 2 \times 4 \\
&= 1
\end{aligned}
$$

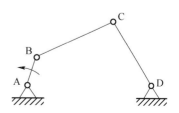

图 8.7　平面四杆机构运动简图

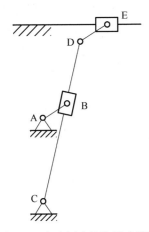

图 8.8　牛头刨床机构运动简图

【例 8.2】　计算牛头刨床机构的自由度

如图 8.8 所示,该机构共有 5 个活动构件,7 个低副,没有高副,将 $n=5$,$P_1=7$ 带入式(8.1),得

$$F = 3n - 2P_1 - P_h$$
$$= 3 \times 5 - 2 \times 7$$
$$= 1$$

在空间机构中,各个构件做空间运动,所以每个自由构件有 6 个运动自由度,则 n 个活动构件共有 $6n$ 个自由度。当构件组成机构以后,根据运动副的类型,可知道引入的约束数。例如,Ⅰ 级副到 Ⅴ 级副所提供的约束数目分别为 1~5。设一空间机构共有 n 个活动构件,P_1 个 Ⅰ 级副,P_2 个 Ⅱ 级副,P_3 个 Ⅲ 级副,P_4 个 Ⅳ 级副和 P_5 个 Ⅴ 级副,则空间机构的自由度为

$$F = 6n - (5P_5 + 4P_4 + 3P_3 + 2P_2 + P_1) \tag{8.2}$$

【例 8.3】　计算 PUMA 机器人的自由度

如图 8.9 所示,该机构共有 6 个活动构件(手部 3 个构件没有画出),有 6 个运动副,每个运动副只有 1 个自由度,所以均为 Ⅴ 级副,将 $n=6$,$P_5=6$ 带入式(8.1),得

$$F = 6n - (5P_5 + 4P_4 + 3P_3 + 2P_2 + P_1)$$
$$= 6 \times 6 - 5 \times 6$$
$$= 6$$

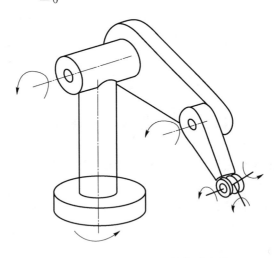

图 8.9　PUMA 机器人结构示意图

第9章 智能轮式移动机器人

机器人的移动方式有履带式、足式、轮式等多种运动形式。履带式机器人的履带与地面接触面积大,接地比压小,适合在沙地、泥地等松软或泥泞的场地行走。其缺点是速度较慢,功耗较大,转向时对地面破坏程度大。足式机器人可以实现像人或动物一样行走,具有机动性好,能够跨越障碍物等优点,几乎可以适应各种复杂地形。但其自由度太多、机构复杂、重心不稳,导致难以控制、行走速度慢、容易侧翻。轮式机器人运动稳定性与路面的路况有很大关系,特别适合平坦的路面,具有机构简单、驱动和控制相对方便、行走速度快、机动灵活、工作效率高等优点,被广泛应用。本章主要介绍轮式移动机器人。

9.1 轮式移动机器人概述

9.1.1 轮式移动机器人的用途

轮式移动机器人的应用非常广泛,能够满足人类生产和生活的需要。当机器人应用在工业领域时,可以减少劳动力和劳动强度,提高生产力和生产安全性,还可以提高工作效率,节约生产成本等。当机器人应用于人类日常生活时,可以改善人们的生活质量,协助人们完成工作。按照不同的用途,轮式移动机器人可分为以下 11 种。

① 医用服务机器人:给人传送食物、水、药品和报纸等。
② 商用清洁机器人:其用在机场、商场、公路、工厂等,如扫地机器人、吸尘机器人等。
③ 农用机器人:负责除草、收割、农产品运送等。
④ 家用服务机器人:负责老弱病残监护、家庭保安等。
⑤ 危险环境用机器人:负责核污染检测、采矿、排爆等。
⑥ AGV 机器人:负责仓库和工厂流水线货物搬运、无人交通、保安巡检等。
⑦ 建设用机器人:如自动起重机、自动平整路面机器人等。
⑧ 探索太空用机器人:如火星车、月球车等。
⑨ 海底用机器人:如石油探测机器人、管道机器人、电缆安置与维护机器人等。
⑩ 军用机器人:如侦察车、排爆车、扫雷车等。
⑪ 教学、娱乐用机器人:如足球机器人、迎宾机器人等。

9.1.2 轮式移动机器人的分类

轮式移动机器人按照车轮的个数分为单轮、两轮、三轮、四轮以及多轮移动机器人。

单轮滚动机器人是一种全新概念的移动机器人。从外观上看,它只有一个轮子,它的运动方式是沿地面滚动前进,后来开发出的球形机器人也属于单轮滚动机器人。

两轮移动机器人主要包括自行车机器人和两轮呈左右对称布置的移动机器人。

单轮和两轮机构的缺点主要是稳定性较差,因此,实际应用最多的还是三轮或四轮的移动机器人。三轮或四轮移动机器人有多种不同的转向形式，如艾克曼转向、滑动转向、全方位转向等。

艾克曼转向是移动机器人常用的转向形式。使用这种转向形式的移动机器人有两种运动方式：一种是前轮转向前轮驱动及两轮差速驱动；另一种是前轮转向，后轮驱动。例如：采用后轮驱动，前轮由电机控制实现转向；或者前面两轮为自由轮，后面两轮分别由一个电机驱动，或由差速实现转向。

滑动转向的两侧车轮独立驱动，通过改变两侧车轮的速度来实现不同半径的转向甚至原位转向，所以又称为差速转向。滑动转向的轮式移动机器人结构简单，不需要专门的转向机构，因此滑动转向结构具有高效性和低成本性。例如，左边两个车轮和右边两个车轮分别用一个电机控制，靠两侧的差速度控制机器人的转向。

轮式全方位移动机器人能够在保持车体姿态不变的前提下沿任意方向移动，这种特性使得轮式移动机器人的路径规划、轨迹跟踪等问题变得相对简单，使机器人能够在狭小的工作环境中很好地完成任务。又由于兼具了履带式机器人较强的越野能力和轮式机器人简单高效的特点，四轮全方位转向与驱动机构在机器人移动平台中已获得了越来越广泛的应用。

目前主要的全方位移动轮为麦克纳姆轮，它是瑞典麦克纳姆公司的专利产品。麦克纳姆轮主要应用在三轮及四轮全方位移动机器人上。麦克纳姆轮结构紧凑、运动灵活，是一种很成功的全方位轮。麦克纳姆轮主要是由轮架和滚子构成的，滚子与车轮周线方向相切。麦克纳姆轮是在传统车轮的基础上，沿其轮缘与轴线成 α 角的方向上安装若干个可以自由旋转的小滚子，如图 9.1 所示。这些成角度的小滚子把一部分的机轮转向力转化到一个机轮法向力上面。依靠各自机轮的方向和速度，这些力最终合成在任何要求的方向上并产生一个合力矢量，从而保证了这个平台在最终的合力矢量方向上能自由地移动，而不改变机轮自身的方向。

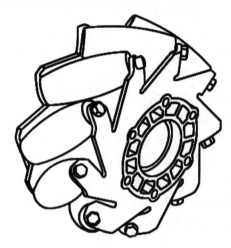

图 9.1　麦克纳姆轮

通过合理地调配 4 个轮子的转速与转向，可以使机器人进行任意方向的运动，如图 9.2 所示。

① 若 4 个轮子转向和转速相同，则前进或后退运动。

② 若位于车体同侧的两个轮子旋转方向相反，且 4 个轮子转速相同，则向左或向右平移运动。

③ 若同侧两轮旋转方向相同、左右两侧轮旋转方向相反，且四轮旋转速度相同，则绕车体

中心顺时针或逆时针转动。

④ 若只有一组对角轮子同向转动,则车子沿 45° 倾斜方向前进或后退。

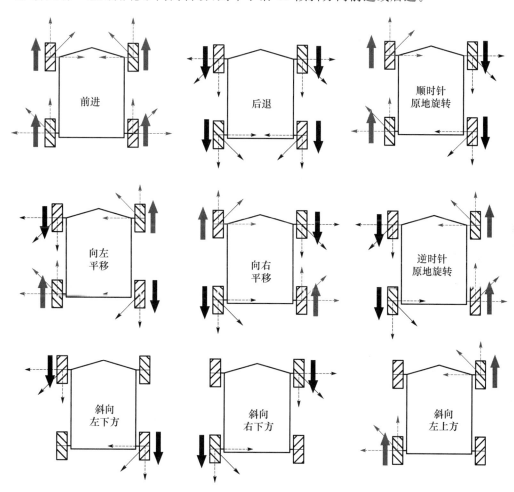

图 9.2　轮子转向原理示意图

四轮全方位移动机器人的外形如图 9.3 所示。

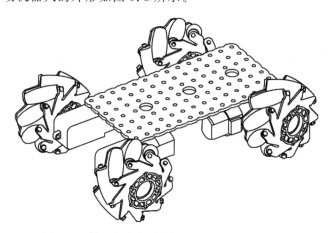

图 9.3　带 4 个麦克纳姆轮的全方位移动机器人

由于轮式、履带式、足式等各类移动机器人都具有各自的优点和缺点,因此出现了复合式移动机器人,复合式移动机器人已逐渐成为现代移动机器人发展的重要方向。复合式移动机构,如复合轮式、轮-腿式、关节-履带式、关节-轮式、轮-腿-履带式等,广泛应用于复杂地形、反恐防暴、空间探测等领域。此类机器人具有较强的爬坡、过沟、越障和上下楼梯能力以及运动稳定性。轮-腿式移动机构运动稳定,具有较强的地形适应能力,应用较多;关节-履带式移动机构运动平稳性好,但速度比较慢,同履带式机器人一样,功耗较大;关节-轮式移动机构运动速度较快,但越障能力差,较多应用于管型构件中;轮-腿-履带式移动机构越障性能好,但转向性能差,功耗较大,运动控制比较复杂。

9.2　移动机器人的驱动与控制模块

9.2.1　Basra 主板

机器人的控制可以采用通用的 Arduino 主板,也可以采用"探索者"套件内的主板,如图 9.4 所示。Basra 主板的处理器核心也是 Atmega 328,具有 14 路数字输入/输出端口(其中 6 路可作为 PWM 输出)、6 路模拟输入、一个 16 MHz 晶体振荡器、一个 USB 接口、一个电源插座、一个 ICSP 接口、一个复位按钮和一个电源开关。控制板尺寸约 60 mm×60 mm,便于安装。其供电范围宽泛,输入电压范围为 6～20 V,推荐输入电压为 7～12 V,干电池或锂电池都适用。

9.2.2　BigFish 扩展板

为了降低开发者的门槛,减少控制电路的难度,提高开发的效率,该套件提供了一个专门用于简单机器人的 BigFish 扩展板,如图 9.5 所示。它能轻松地将舵机、直流电机、传感器等与 Basra 主板连接。

图 9.4　Basra 主板

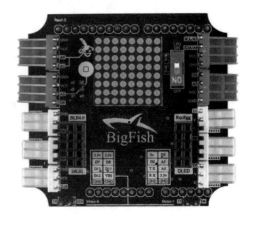

图 9.5　BigFish 扩展板

BigFish 扩展板接口示意如图 9.6 所示,有 6 个舵机接口,每个接口有 3 个引脚,分别是GND、VCC、数字引脚。舵机引脚采用了防反插设计,可以简单、快速地与舵机相连。之所以扩展板能同时驱动 6 个舵机,是因为扩展板上内置了稳压芯片 7805ADJ,该芯片可提供 6 V

稳压电压,同时控制电流不超过 3 A。

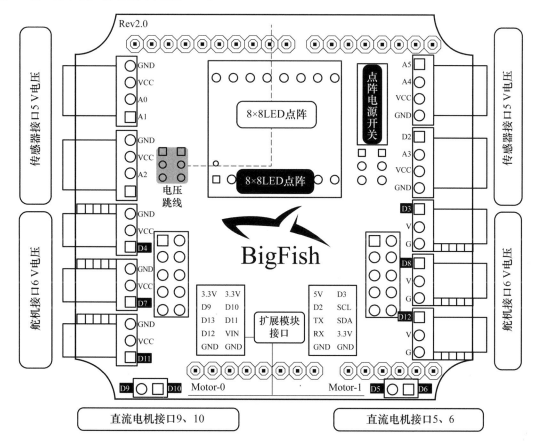

图 9.6　BigFish 扩展板接口示意图

BigFish 扩展板有两个直流电机接口,一个接口连接数字引脚 5、6,另一个接口连接数字引脚 9、10,直流电机只有两根线,与接口的两个数字引脚相连接,连接的顺序影响电机的转向,不会烧坏电机。之所以两个接口可以直接控制直流电机,是因为扩展板内置了直流电机驱动芯片 FAN8100MTC。驱动芯片增大了数字口的输出电流,可以带动负载。若主板没有驱动芯片,因为数字引脚的输出电流小于 40 mA,所以主板是不能直接驱动直流电机的,这一点一定要注意。如果没有“探索者”的扩展板,采用 Arduino 主板加直流电机驱动模块和舵机驱动板也是完全没有问题的,电机驱动模块见第 7 章。

BigFish 扩展板有 4 个传感器接口,每个接口有 4 个引脚,分别是 GND、VCC 和两个数据引脚,有的数据引脚是两个模拟引脚,有的是一个模拟引脚和一个数字引脚,使用者可根据实际情况进行选择。有的传感器需要两个数据引脚,有的需要 1 个数据引脚。例如,超声波避障传感器有一个发射引脚 Trig 和一个接收引脚 Echo,所以就需要两根数据线;触碰传感器只需要一个信号引脚,用来输入信号,这种信号是开关信号,那么这种传感器只需要一个数据引脚即可,多余的数据引脚就是空置的。那这两个数据引脚中哪一个是被使用的呢? 在 BigFish 扩展板中,对于此类情况,都是紧挨着 VCC 引脚的数据引脚是有效的。

另外,扩展板还有一个 8×8LED 模块,内置 MAX7219 驱动芯片。

扩展板有两个 2×5 的杜邦座扩展坞,方便无线模块、OLED、蓝牙等扩展模块直插连接,无须额外接线,在后面的例子中会进行演示。

综上所述，BigFish 扩展板可直接驱动舵机、直流电机、数码管等机器人常规执行部件，无须外围电路，电路连接简单、紧凑。

9.2.3　直流电机参数

"探索者"套件中提供一种直流电机，表 9.1 所示为直流电机参数。

表 9.1　直流电机参数

额定电压	额定电流	扭　力	转　速	减速比
4.5 V	180 mA	5 kg·cm	69 r/min	87

9.2.4　舵机参数

"探索者"套件中提供的舵机有两种规格，表 9.2 所示为舵机参数。

表 9.2　舵机参数

	额定电压	扭　力	转　速	转动角度
小舵机	6 V	2.9 kg·cm	0.13 s/60°	180°
大舵机	6 V	12.2 kg·cm	0.2 s/60°	180°

9.2.5　电池

电池是机器人必不可少的动力源，电池的续航能力是决定机器人性能的重要因素。电池的容量是以 mA·h 来表示。例如，对于 3 000 mA·h 的电池，若输出电流为 500 mA，可工作 6 h。"探索者"的配套电池是锂电池，电池的接头是 DC5.5-2.1 mm，即外径是 5.5 mm，内径是 2.1 mm。其额定电压为 7.4 V，电池容量为 1 100 mA·h。

9.3　车体制作与行走原理

9.3.1　智能车的模块化实例

1. 主动轮模块

主动轮模块指的是轮胎与直流电机的连接模块，它的功能是电机带动车轮转动，从而实现车体的行走。主动轮模块主要由车轮、联轴器、直流电机等零部件组成，零部件之间通过螺栓连接的方式组合在一起，如图 9.7 所示。当主动模块组装在车体上时，需要通过电机支架连接于车体的底板上。

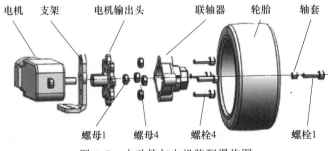

图 9.7　主动轮与电机装配爆炸图

直流电机要带动轮胎一起转动,需要在周向以及轴向两个方向进行定位,周向定位主要起到传递转矩的作用,轴向定位主要防止轮胎相对于电机的轴向移动。在周向上,联轴器与轮胎通过六棱柱面实现型面配合定位;在轴向上,采用螺栓连接定位,如图9.8所示。

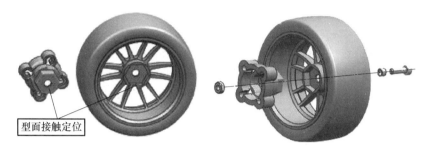

型面接触定位

图 9.8　轮胎与联轴器

直流电机与电机输出头之间也是刚性连接的。在周向上,仍然用型面接触定位。在轴向上,由于电机的主轴的外端面带有螺纹孔,用螺钉连接定位,如图 9.9 所示,图中没有显示螺钉。

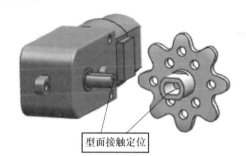

型面接触定位

图 9.9　直流电机与电机输出头

电机与底板通过电机支架连接。底板与支架通过螺钉连接,如图 9.10 所示。支架与电机之间均采用螺栓连接,如图 9.11 所示。

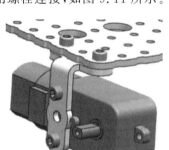

图 9.10　支架与底板的连接　　　　图 9.11　直流电机与支架的连接

电机输出头与联轴器采用 4 个 M3 的螺栓连接,如图 9.12 所示。整体效果如图 9.13 所示。

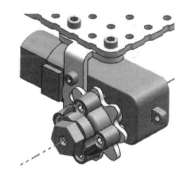

图 9.12　电机输出头与联轴器的连接　　　图 9.13　整体效果图

2. 从动轮模块

从动轮不输出转矩,但可以起到支撑的作用。在四轮车体中,当需要两轮驱动时,剩余的两轮将采用从动轮模块。从动轮模块和主动轮模块用到的零件很多是相同,但安装的方式需要注意。联轴器反向后与轮胎通过 4 个螺栓连接固定。由于螺栓的直径为 3 mm,轮胎与联轴器的中心孔直径为 4 mm,为了径向定位可靠,同时减少摩擦阻力,需要将轴套套在长螺栓的螺杆上,相当于支撑轴的作用,这样轮胎和联轴器空套在支撑轴上,可自由地转动。在轴向上,通过垫片加螺栓来定位,防止轴线方向的移动。若需要将从动轮装在车体上,只需要将支架套在螺栓上,同时将支架固定在底板上即可,如图 9.14 所示。

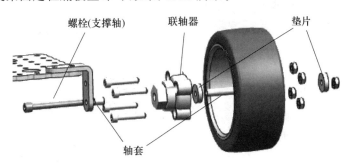

图 9.14　从动轮与车体连接爆炸图

9.3.2　三轮车

三轮车结构比较简单,一般后面的两轮驱动,前面的车轮主要起到平衡的作用。图 9.15 所示,三轮车的两后轮被直流电机驱动,前轮是一个带钢球的万向轮。车体的组装参照主动轮模块进行,万向轮的高度比较低,为了保持小车底盘水平,选择适当长度的尼龙柱(有内螺纹)来调整高度,尼龙柱与底板、尼龙柱与万向轮之间用螺钉连接。

9.3.3　四轮车

四轮车可以是两轮驱动,也可以是四轮驱动,图 9.16 是四轮驱动小车。电机与轮胎的安装仍然参照主动轮模块进行。若是两轮驱动,需要注意主动轮模块与从动轮模块安装的不同。

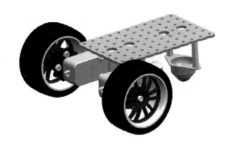

图 9.15　三轮车

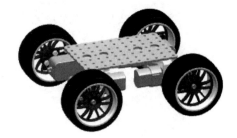

图 9.16　四驱四轮车

9.3.4　行走原理

以图 9.15 所示的三轮车为例,小车使用两个减速直流电机来控制左轮和右轮的行走,另外使用一个万向轮来维持车子的平衡,有些自动机器人也会使用伺服电机来控制左轮和右轮,但其转速较慢而且价格较高。对直流电机而言,当电机正极接高电位,电机负极接低电位时,电机正转;反之,当电机正极接低电位,电机负极接高电位时,电机反转。虽然选用两个相同规格的减速直流电机,但是工厂大量生产可能会造成两个直流电机的转速有细微的差异,自动机器人在前进或后退时,两轮的转速差导致非直线运动。解决方法是:利用 Arduino 控制板输出 PWM 信号来微调左轮和右轮的转速。但是要注意,所输出的 PWM 信号平均值必须大于电机的最小启动电压,才能克服电机的静摩擦力,实现转动。自动小车行走方向的控制策略说明如下。

1. 前进

当自动小车要向前行走时,左轮与右轮必须正转,使其向前运动,且两轮转速相同,自动小车才会直线前进。

2. 后退

当自动小车要后退时,左轮与右轮必须反转,使其向后运动,且两轮转速相同,自动小车才会直线后退。

3. 左转弯

当自动小车左转弯时,右轮的转弯半径大,右轮的电机转速要比左轮快。左轮转速慢,右轮转速快,或者左轮不转,右轮正转,再或者左轮反转,右轮正转,以上 3 种方案都可以实现左转弯。但方案不同,转弯的效果也不相同。例如,最后一种方案往往适用于急转弯。

4. 右转弯

相反,当自动小车右转弯时,左轮的转弯半径大,左轮的电机转速要比右轮快。左轮转速快,右轮转速慢,或者右轮不转,左轮正转,再或者右轮反转,左轮正转,以上 3 种方案都可以实现右转弯。

5. 停止

两轮的电机停转即可。

9.3.5　行走测试

因为自动小车还没有配备任何传感器,无法感测外界的信息,本节只是利用 Arduino 控制板输出信号来控制自动小车前进和后退的直线行走。

【例 9.1】 控制自动小车的运动

实验要求:Arduino 控制小车前进 5 s,停止 1 s,后退 5 s,停止 1 s,左转弯 2 s,停止 1 s,右转弯 2 s,停止 1 s,之后再重复相同的动作。实验的具体过程请扫描二维码。

例 9.1 的实验过程

控制电路采用 Basra 主板加 BigFish 扩展板。以下程序只适用于 Basra 配合 BigFish 控制板组合应用。如果没有 Basra 主板和 BigFish 扩展板,可用 Arduino 加上 L298N 扩展板代替,但程序需要进行相应的调整,具体可参照 7.1 节中 L298N 扩展板的内容。

程序如下:

```
int velocity;                    //定义速率
void setup() {
    pinMode(5,OUTPUT);
    pinMode(6,OUTPUT);           //右侧直流电机连接 5、6 引脚
    pinMode(9,OUTPUT);
```

```
    pinMode(10,OUTPUT);              //左侧直流电机连接 9、10 引脚
    velocity = 150;
}
void loop()
{
  Forwards();
  delay(5000);
  Stop();
  delay(1000);
  Backwards();
  delay(5000);
  Stop();
  delay(1000);
  Left();
  delay(2000);
  Stop();
  delay(1000);
  Right();
  delay(2000);
  Stop();
  delay(2000);
}
void Forwards()                      //前进子函数
{
  analogWrite(5,0);
  analogWrite(6,velocity);
  analogWrite(9,0);
  analogWrite(10,velocity);
}
void Backwards()                     //后退子函数
{
  analogWrite(5,velocity);
  analogWrite(6,0);
  analogWrite(9,velocity);
  analogWrite(10,0);
}
void Left()                          //左转子函数
{
  analogWrite(5,0);
  analogWrite(6,velocity);           //驱动右侧电机转动
  analogWrite(9,0);
  analogWrite(10,0);                 //左侧电机停转
}
void Right()                         //右转子函数
```

```
{
    analogWrite(5,0);
    analogWrite(6,0);                    //右侧电机停转
    analogWrite(9,0);
    analogWrite(10,velocity);            //驱动左侧电机转动
}
void Stop()                              //停止子函数
{
    analogWrite(5,0);
    analogWrite(6,0);
    analogWrite(9,0);
    analogWrite(10,0);
}
```

9.4 寻迹小车

9.4.1 实验所用元件及实验步骤

实验所用元件为 2 个灰度传感器、2 个直流电机、1 个主板、1 个扩展板、锂电池、三轮车。实验步骤如下。

① 按照图 9.17 所示的机械结构搭接,并把两个灰度传感器安装在机构的底部前端。传感器距离车轮越远,效果越好,具体位置请自己尝试。按照图 9.18 连接电路。

② 在白色场地上用黑色绝缘胶带(两个灰度传感器投影在黑色胶带上,胶带越宽,效果越好)铺设一条轨迹,直线、弧线、圆均可。

③ 编写程序,编译并上传,将程序烧录进 Arduino 主板。

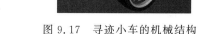

图 9.17 寻迹小车的机械结构

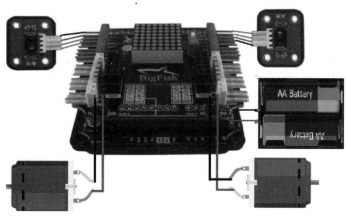

图 9.18 控制电路

9.4.2　寻迹方案的运动原理

　　要想识别地面上的黑线或者白线，可以使用灰度传感器，且至少要用两个灰度传感器。若只安装一个灰度传感器，一旦小车偏离轨迹就不好办了，要想办法在小车快要离开轨迹的时候把它拉回来，这样就需要另外一个灰度传感器。所以，最少要用到两个灰度传感器，一个安装在车头左侧，另一个安装在车头右侧。如果左侧传感器检测到轨迹，就向右行驶来纠正；同理，如果右侧传感器检测到轨迹，就向左行驶来纠正。这样就可以保证轨迹始终在两个传感器之间，如图 9.17 所示。

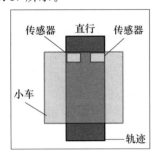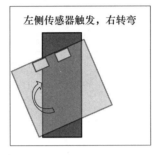

图 9.19　寻迹方案的运动原理

9.4.3　机械结构

　　图 9.17 所示为寻迹小车的机械结构。

9.4.4　灰度传感器的测试程序

```
#define sensor1_pin A0
void setup() {
  pinMode(sensor1_pin,INPUT);
  Serial.begin(9600);
  }
void loop() {
  Serial.print("huidu sensor:");
  Serial.println(analogRead(sensor1_pin));
  Serial.println(digitalRead(14));
  delay(2000);
}
```

　　打开串口监视器，当传感器检测到白背景时，观察输出值的大小。同理，当传感器在黑背景时，观察输出值的大小。注意两个值是否有较大区别。如果区别不大，可调整传感器到地面的距离。由于传感器厂家以及型号都不同，结果可能完全不同，甚至相反。本实验用的灰度传感器是"探索者"套件自带的。

9.4.5　两目寻迹小车示例

　　【例 9.2】　两目寻迹小车（用两个灰度传感器实现在白背景中寻黑线）

　　实验的具体过程请扫描二维码。

例 9.2 的实验过程

1. 控制电路

图 9.18 所示为控制电路。

2. 程序设计

图 9.20 为两目寻迹小车程序流程图。

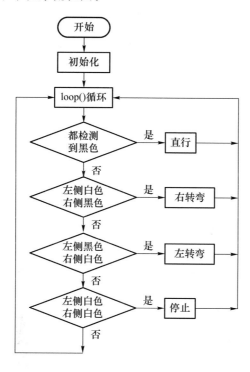

图 9.20　两目寻迹小车程序流程图

程序如下：

```
int pin[2] = {A0,A4 };          //如图9.20所示,从左至右对应
int velocity;                   //定义速率
void setup()
{ serial.begin(9600);
  pinMode(5,OUTPUT);
  pinMode(6,OUTPUT);            //右侧直流电机接5、6引脚
  pinMode(9,OUTPUT);
  pinMode(10,OUTPUT);          //左侧直流电机接9、10引脚
  velocity = 150;
}
void loop()
{
Serial.print("sensor_pin0:");
Serial.println(analogRead(pin[0]));
Serial.println(digitalRead(pin[0]));
```

```
Serial.print("sensor_pin1:");
Serial.println(analogRead(pin[1]));
Serial.println(digitalRead(pin[1]));
//当两个传感器都检测黑色时,小车前进
while(digitalRead(pin[0])&& digitalRead(pin[1]))
{
  Forwards();
}
//当左侧传感器都检测白色时,小车右转弯
while( !digitalRead(pin[0])&& digitalRead(pin[1]))
{
Right();
}
//当右侧传感器都检测白色时,小车左转弯
while(digitalRead(pin[0])&& !digitalRead(pin[1]))
{
Left();
}
//当两侧传感器都检测白色时,小车停止
while( !digitalRead(pin[0])&& !digitalRead(pin[1]))
{
Stop();
}
}
void Left()                       //小车左转子函数
{
  analogWrite(5,0);
  analogWrite(6,velocity);        //驱动右侧电机转动
  analogWrite(9,0);
  analogWrite(10,0);              //左侧电机停转
}
void Right()                      //小车右转子函数
{
  analogWrite(5,0);
  analogWrite(6,0);               //右侧电机停转
  analogWrite(9,0);
  analogWrite(10,velocity);       //驱动左侧电机转动
}
void Forwards()                   //小车前进子函数
{
  analogWrite(5,0);
  analogWrite(6,velocity);
  analogWrite(9,0);
  analogWrite(10,velocity);
}
void Stop()                       //小车停止子函数
{
```

```
    analogWrite(5,0);
    analogWrite(6,0);
    analogWrite(9,0);
    analogWrite(10,0);
}
```

9.4.6　三目寻迹小车示例

【例 9.3】　三目寻迹小车(用 3 个灰度传感器实现在白背景中寻黑线)
实验的具体过程请扫描二维码。

1. 寻线状态分析

当黑线轨迹较宽时,可以放置 3 个传感器,如表 9.3 中状态 1 所
示的布置形式。当黑线轨迹线较窄时,3 个传感器的总宽度超过黑色

例 9.3 的实验过程

轨迹的线宽,就需要将中间传感器的投影置于黑线的中间,两侧传感器的投影置于白背景中,
靠近黑色轨迹的边缘。

表 9.3　寻迹车在白背景中寻黑线的状态

序　号	状　态	说　明
1	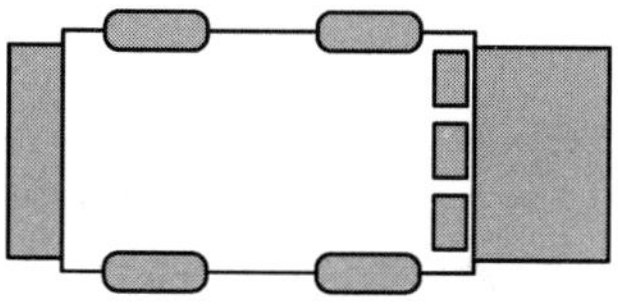	车体前面的 3 个传感器都感应到黑线,表示车辆目前状态符合路线要求,继续直线前进
2	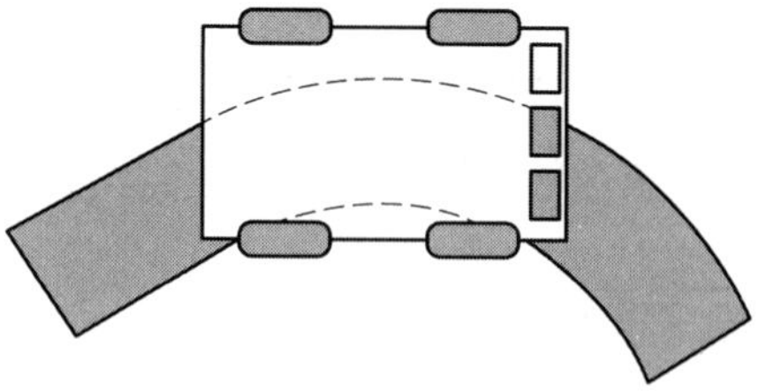	在车体前面的 3 个传感器中,最左边的传感器发现白背景,表示车辆偏左,需要右转
3	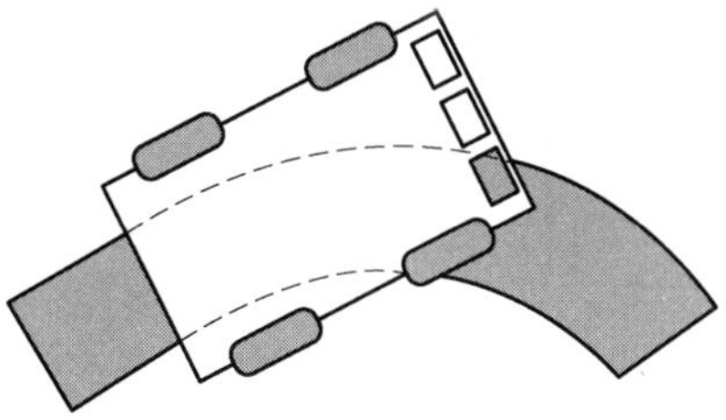	在车体前面的 3 个传感器中,中间和偏左的传感器发现白色区域,表示车辆偏左的状态有点严重,需要较大程度地右转修正

续表

序　号	状　态	说　明
4		车体前面的 3 个传感器都感应到白色,表示可能车辆速度过快远离了路径,需要停止
5		在车体前面的 3 个传感器中,最右边的传感器发现白色区域,表示车辆有些偏右,需要稍微左转
6		在车体前面的 3 个传感器中,中间和偏右的传感器都感应到车辆接触白色区域,表示车辆偏右的状态有点严重,需要较大程度地左转修正

　　面向小车车顶,从左到右的传感器 1 连接 A0,传感器 2 连接 A4,传感器 3 连接 A3,如图 9.21 所示。

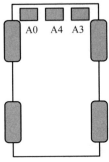

图 9.21　传感器布置

传感器触发情况、小车行驶状态、对应行为策略如表 9.4 所示。

表 9.4　行驶策略图

传感器 1	传感器 2	传感器 3	序号	小车状态	小车动作
0	0	0	0	小车正中	前进
0	0	1	1	小车右偏	左转弯
0	1	0	2	在此跑道上不可能	无
0	1	1	3	遇到转角	左急转弯
1	0	0	4	小车左偏	右转弯
1	0	1	5	在此跑道上不可能	无
1	1	0	6	遇到转角	右急转弯
1	1	1	7	可能是跑偏了	停

2. 电路设计

电路设计时,需要在图 9.18 的基础上添加一个灰度传感器,该传感器信号线连接 A3 引脚。该电路采用的是 Basra 堆叠 BigFish,也可以采用 Arduino Uno 板加上直流电机驱动板,如 L298N。关于直流电机驱动板 L298N 的使用情况,可参照 7.1 节的内容。

3. 程序设计

图 9.22 为三目寻迹小车程序流程图。

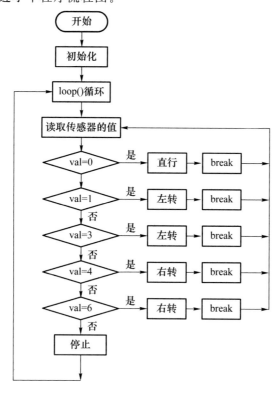

图 9.22　三目寻迹小车程序流程图

程序如下:

```
int pin[3] = {A0,A4,A3};
byte value;                    //传感器的值
```

```
byte value_his = 0;                        //记录上一次的传感器值
void setup() {
pinMode(5,OUTPUT);
pinMode(6,OUTPUT);
pinMode(9,OUTPUT);
pinMode(10,OUTPUT);
}
void loop() {
value = 0;
for(int i = 0;i < 3;i + +);
{
//先左移 2 - i 位,与 value 按位或,再赋值给 value
value | = (digitalRead(pin[i])<<(2 - i));
}
if(value = = 0x07) {
value = value_his;
}
switch(value)
{
case 0x00:Forwards();break;
case 0x01:Left();break;
case 0x03:Left();break;
case 0x04:Right();break;
case 0x06:Right();break;
default:Stop();
}
value_his = value;
}
void Left()                           //小车左转子函数
{
  analogWrite(5,0);
  analogWrite(6,velocity);            //右侧电机转动
  analogWrite(9,0);
  analogWrite(10,0);                  //左侧电机停转
}
void Right()                          //小车右转子函数
{
  analogWrite(5,0);
  analogWrite(6,0);                   //右侧电机停转
  analogWrite(9,0);
  analogWrite(10,velocity);           //左侧电机转动
}
void Forwards()                       //小车前进子函数
```

```
{
    analogWrite(5,0);
    analogWrite(6,velocity);
    analogWrite(9,0);
    analogWrite(10,velocity);
}
void Stop()                          //小车停止子函数
{
    analogWrite(5,0);
    analogWrite(6,0);
    analogWrite(9,0);
    analogWrite(10,0);
}
```

9.5　超声波避障小车

9.5.1　实验所用元件及实验步骤

实验所用元件为 1 个超声波测距传感器、2 个直流电机、1 个主板、1 个扩展板、锂电池、三轮车。

实验步骤如下。

① 仿照图 9.17 搭接机械结构(两后轮双驱动,前轮从动),并把超声波测距传感器安装在机构底部前端的正中央(正面朝向前方)。

② 仿照图 9.23 连接电路。

③ 编写程序,编译并上传,将程序烧录进 Arduino 主板。

9.5.2　超声波测距的工作原理

超声波发射器向某一方向发射超声波,在发射的同时开始计时,超声波在传播中碰到障碍物立即返回,超声波接收器收到反射波立即停止计时。声波在空气中的传播速度近似为 340 m/s,即 3.4×10^{-2} cm/μs。根据计时器记录的时间 T,可以计算出发射点距障碍物的距离 D,即

$$D = 3.4 \times 10^{-2} \times T/2$$

T 可以通过 pulseIn() 函数获得,单位为微秒(μs)。

```
pulseIn(pin,value);
```

其中,pin 为需要读取脉冲的引脚 Echopin;value 为需要读取的脉冲类型,即 HIGH 或 LOW。

因此,

$$D = 3.4 \times 10^{-2} \times \text{pulseIn}(\text{Echopin}, \text{HIGH}) \times \frac{1}{2}$$

$$\approx \text{pulseIn}(\text{Echopin}, \text{HIGH})/58$$

9.5.3　超声波避障小车示例

例 9.4 的实验过程

【例 9.4】　超声波避障小车(通过超声波传感器避障)

当小车距离障碍物小于 10 cm 时,及时停止,并远离障碍物。实验的具体过程请扫描二维码。

1. 电路设计

电路设计如图 9.23 所示。

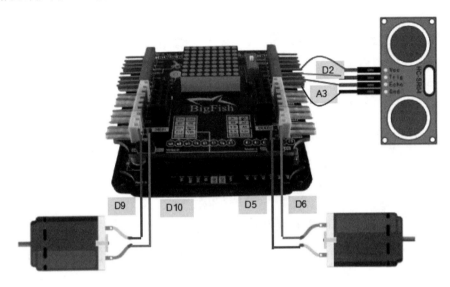

图 9.23　电路设计示意图

2. 程序流程图

图 9.24 为超声波避障小车程序流程图。

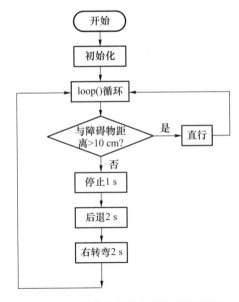

图 9.24　超声波避障小车程序流程图

3. 程序示例

```
int velocity;
int Trigpin = 2;
int Echopin = A3;                    //A3 模拟口可作为数字口使用
float distance;
int Distance_test();
void setup(){
velocity = 150;
pinMode(5,OUTPUT);
pinMode(6,OUTPUT);
pinMode(9,OUTPUT);
pinMode(10,OUTPUT);
pinMode(Trigpin,OUTPUT);
pinMode(Echopin,INPUT);
float distance;
}
void loop() {
    if(Distance_test()>10)
    Forwards();
    else
    {Stop();
    delay(1000);
    Backwards();
    delay(2000);
    Right();
    delay(2000);
    }
}
void Forwards()                      //小车直行子函数
{
analogWrite(5,0);
analogWrite(6,velocity);
analogWrite(9,0);
analogWrite(10,velocity);
}
void Right()                         //小车右转子函数
{
analogWrite(5,0);
analogWrite(6,0);
analogWrite(9,0);
analogWrite(10,velocity);
```

```
}
void Stop()                          //小车停止子函数
{
analogWrite(5,0);
analogWrite(6,0);
analogWrite(9,0);
analogWrite(10,0);
}
void Backwards()                     //小车后退子函数
{
analogWrite(5,velocity);
analogWrite(6,0);
analogWrite(9,velocity);
analogWrite(10,0);
}
int Distance_test(){
   //超声波测距子程序,单位 cm
digitalWrite(Trigpin,LOW);
delayMicroseconds(2);
digitalWrite(Trigpin,HIGH);          //Trig 引脚至少 10 μs 的高电平信号可触发 SR04 模块测距功能
delayMicroseconds(10);
digitalWrite(Trigpin,LOW);
distance = pulseIn(Echopin,HIGH)/58;
return (int)distance;
   }
```

9.6　红外遥控车

9.6.1　实验所用元件及实验步骤

实验所用元件为 1 个红外遥控器、1 个红外接收头、2 个直流电机、1 个主板、1 个扩展板。
实验步骤如下。

① 仿照图 9.17 搭接机械结构（两后轮双驱动,前轮从动）。

② 仿照图 9.25 连接电路,配遥控器或者安卓系统手机遥控器（手机遥控器更稳定）。

③ 编写按键编码程序,编译并上传,记录按键编码。

④ 编写程序,编译并上传,将程序烧录进 Arduino 主板。

9.6.2　电路设计

电路设计如图 9.25 所示。

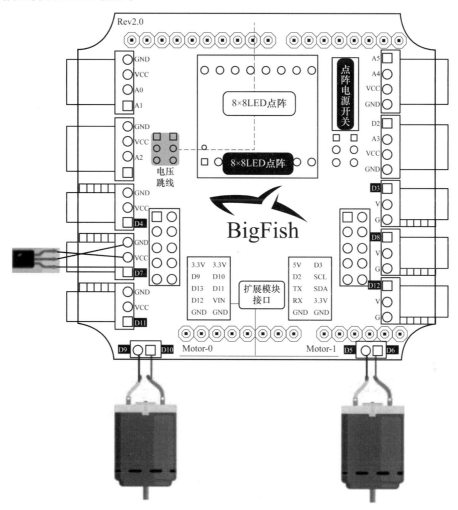

图 9.25　电路设计示意图

9.6.3　按键编码读取程序

```
#include < IRremote.h >         //注意编译时,应将 IRremote 库函数复制到 Arduino/libraries 目录下
int RECV_PIN = 7;              //定义红外接收器的引脚为 7
IRrecv irrecv(RECV_PIN);       //设置 RECV_PIN 定义的端口为红外信号接收端口
decode_results results;        //定义 results 变量为红外结果存放位置
void setup()
{
  Serial.begin(9600);
  irrecv.enableIRIn();         //初始化红外接收器
}
void loop() {
//解码成功,把数据放入 results 变量中
```

```
    if (irrecv.decode(&results)) {
//以十六进制换行输出红外编码
    Serial.println(results.value,HEX);
    irrecv.resume();                //接收下一个值
    }
}
```

手持遥控器,依序按键,记录红外编码。

9.6.4 红外遥控车示例

例 9.5 的实验过程

【例 9.5】 红外遥控车

通过红外遥控器,控制小车实现前进、后退、左转、右转等运动。
实验的具体过程请扫描二维码。

1. 电路设计

电路设计如图 9.25 所示。

2. 程序流程图

图 9.26 为红外遥控车程序流程图。

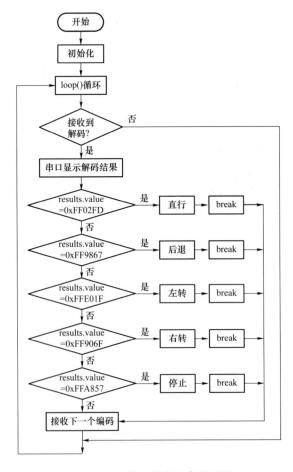

图 9.26 红外遥控车程序流程图

3. 程序代码

```
# include< IRremote.h>
int RECV_PIN = 7;
int velocity;                          //定义速率
IRrecv irrecv(RECV_PIN);
decode_results results;
void setup(){
    Serial.begin(9600);                //定义串口波特率
    irrecv.enableIRIn();               //初始化红外接收器
    pinMode(5,OUTPUT);
    pinMode(6,OUTPUT);
    pinMode(9,OUTPUT);
    pinMode(10,OUTPUT);
    velocity = 150;
}
void loop() {
    if (irrecv.decode(&results))
    {
        Serial.println(results.value,HEX); //串口显示按键编码,格式是十六进制数
switch(results.value) {
    //遥控器不同,按键编码不同,0xFF02FD是某按键编码
    case 0xFF02FD:Forwards();break;
    case 0xFF9867:Back();break;
    case 0xFFE01F:Left();break;
    case 0xFF906F: Right();break;
    case 0xFFA857:Stop();break;
    }
        irrecv.resume();
    }
}
void Left()                            //小车左转子函数
{
analogWrite(6,0);
analogWrite(5,velocity);               //驱动右侧电机转动
analogWrite(10,0);
analogWrite(9,0);                      //左侧电机停转
}
void Right()                           //小车右转子函数
{
analogWrite(6,0);
analogWrite(5,0);                      //右侧电机停转
analogWrite(10,0);
analogWrite(9,velocity);              //驱动左侧电机转动
}
void Forwards()                        //小车前进子函数
{
analogWrite(6,0);
```

```
analogWrite(5,velocity);
analogWrite(10,0);
analogWrite(9,velocity);
}
void Stop()                    //小车停止子函数
{
analogWrite(6,0);
analogWrite(5,0);
analogWrite(10,0);
analogWrite(9,0);
}
void Back()                    //小车后退子函数
{
analogWrite(6,velocity);
analogWrite(5,0);
analogWrite(10,velocity);
analogWrite(9,0);
}
```

9.7　蓝牙遥控车

9.7.1　实验所用元件及实验步骤

实验所用元件为 1 个蓝牙模块、2 个直流电机、1 个主板、1 个扩展板、1 个履带车。
实验步骤如下。

① 仿照图 9.27 所示机械结构搭接。

② 仿照图 9.28 连接电路。

③ 编写程序,编译并上传,程序烧录进 Arduino 主板。

④ 下载蓝牙串口助手 App,连接蓝牙,通过手机控制履带车行走。

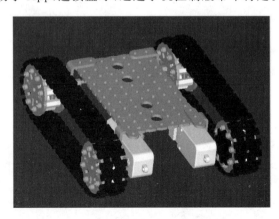

图 9.27　履带车的机械结构

9.7.2　机械结构

履带车的机械结构如图 9.27 所示。

9.7.3　控制电路

在本节中使用的是"探索者"自带的蓝牙模块,蓝牙模块直接插在 BigFish 的扩展坞上,非常方便,此时蓝牙模块的 RX 和 TX 分别连接 Arduino 的引脚 1 和引脚 0。当程序通过 USB 上传至 Arduino 时,也用到了串口 0 和 1,这样就会出现引脚冲突的现象,导致程序上传错误。因此,每次上传程序时都需要拔下蓝牙模块,等程序上传成功后,再将其插进扩展坞。

如果不使用"探索者"自带的蓝牙模块,也可以使用通用的 HC-05 蓝牙模块。为了避免串口冲突,可定义一个软串口进行通信。软串口定义时使用其他引脚,比如数字引脚 8 和 9,这样当上传程序时不需要反复插拔蓝牙模块,也不会引起引脚冲突,详见 6.1 节的内容。

图 9.28 为电子模块 3D 图。

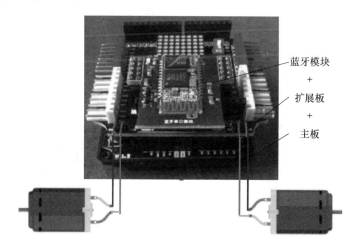

图 9.28　电子模块 3D 图

9.7.4　蓝牙通信设置

1. 安装蓝牙串口助手 App

可以在手机"应用市场"中搜索蓝牙串口助手 App 进行下载并安装,也可以使用本书配套资源库中提供的蓝牙串口助手软件。

2. 设置蓝牙串口助手

① 安装蓝牙串口助手 App。

② 在手机"设置"中,打开手机蓝牙功能,手机蓝牙进入搜索状态,找到蓝牙模块 HC-05,输入配对码,配对码默认值为 1234,配对成功后,会在已配对的设备中显示 HC-05。如果配对码不正确,可参照 6.1 节的内容,通过 AT 指令查询蓝牙模块名称和配对码。

③ 打开蓝牙串口助手 App,显示蓝牙模块搜索页面,如图 9.29 所示。点击搜索到的 HC-05 设备,显示如图 9.30 所示,点击右上角三个点,显示"connect"和"discoverable"两个选项,可进行手机与蓝牙模块连接设置。

图 9.29   搜索配对的蓝牙模块

图 9.30   蓝牙串口初始页面

④ 在图 9.31 中，单击"connect"进行连接，若手机与蓝牙模块连接成功，则在图 9.32 中显示"Connected to HC-05"。

图 9.31   手机与蓝牙模块连接选项

图 9.32   手机与蓝牙模块连接成功

⑤ 单击的"Dashboard"，显示手机键盘模式。单击图 9.33 中"Edit"的右侧，可进行键盘设置。按照 9.6 节中的程序，设置对应的命令。例如，点击第一行第二列的按键，弹出图 9.34 所示窗口，在按钮名称中输入"前进"，在发送命令中输入"1"。同理，点击第三行第二列的按键，在图 9.35 中输入按钮名称"后退"，在发送命令中输入"2"。按键的布局可自行排列，按照以上方式设置按键"左转弯""右转弯""停止"，对应的命令为"3""4""5"，单击图 9.33 中"Edit"

的左侧,结束手机的键盘设置,如图 9.36 所示。

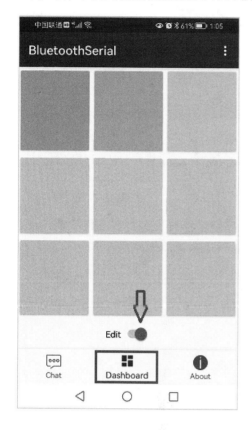

图 9.33　键盘设置

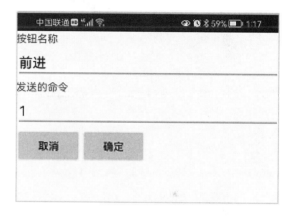

图 9.34　第一行第二列按键设置

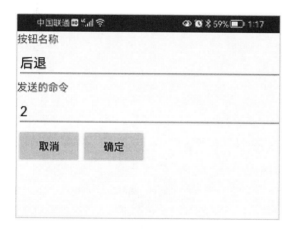

图 9.35　第三行第二列按键设置

⑥ 在图 9.36 中按"前进""后退""左转弯""右转弯"按键,可观察到小车进行相应的运动。同时在图 9.37 的"chat"信息框里显示发送的数据 1/F、2/B、3/L、4/R。

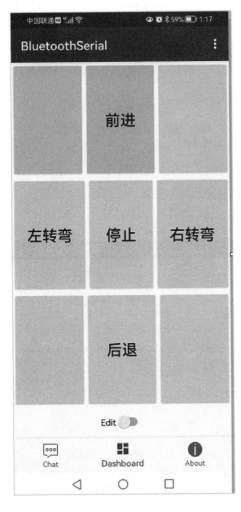

图 9.36　键盘设置成功

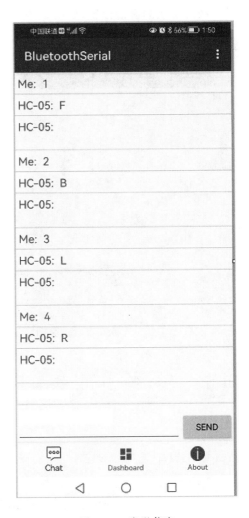

图 9.37　发送信息

9.7.5　蓝牙遥控车示例

【例 9.6】蓝牙遥控车

通过手机蓝牙功能，控制小车实现前进、后退、左转、右转等运动。实验的具体过程请扫描二维码。

例 9.6 的实验过程

1. 电路设计

电路设计如图 9.38 所示。

2. 程序流程图

图 9.38 为蓝牙遥控车的程序流程图。

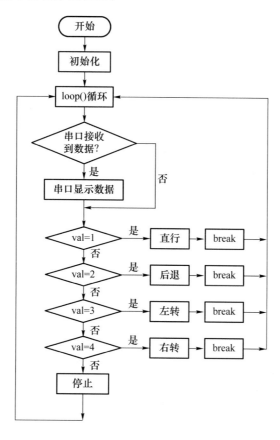

图 9.38　蓝牙遥控车程序流程图

3. 程序示例

```
# include < SoftwareSerial.h>
SoftwareSerial BT(2,3);
int val =  0 ;
int leftMotor1 = 9;
int leftMotor2 = 10;
int rightMotor1 = 5;
int rightMotor2 = 6;
void setup() {
Serial.begin(9600);
BT.begin(9600);
pinMode(leftMotor1, OUTPUT);
pinMode(leftMotor2, OUTPUT);
pinMode(rightMotor1, OUTPUT);
pinMode(rightMotor2, OUTPUT);
}
void loop() {
if(BT.available()>0)
```

```
{val = BT.parseInt();
Serial.println(val);
switch(val)
{
case 1:
Serial.println("Forward"); Forwards(); break;
case 2:
Serial.println("Back"); Back(); break;
case 3:
Serial.println("Turn Left"); Left(); break;
case 4:
Serial.println("Turn Right"); Right(); break;
case 5:
Serial.println("Stop"); Stop(); break;
default:Stop();
    }
delay(50);
}
}
void Forwards()                         //前进
{
digitalWrite(leftMotor1,HIGH);
digitalWrite(leftMotor2,LOW);
digitalWrite(rightMotor1,HIGH);
digitalWrite(rightMotor2,LOW);
}
void Back()                             //后退
{
digitalWrite(leftMotor1,LOW);
digitalWrite(leftMotor2,HIGH);
digitalWrite(rightMotor1,LOW);
digitalWrite(rightMotor2,HIGH);
}
void Left()                             //左转
{
digitalWrite(leftMotor1,LOW);
digitalWrite(leftMotor2,LOW);
digitalWrite(rightMotor1,HIGH);
digitalWrite(rightMotor2,LOW);
}
void Right()                            //右转
{
digitalWrite(leftMotor1,HIGH);
digitalWrite(leftMotor2,LOW);
digitalWrite(rightMotor1,LOW);
digitalWrite(rightMotor2,LOW);
}
void Stop()                             //停止
```

```
{
digitalWrite(leftMotor1,LOW);
digitalWrite(leftMotor2,LOW);
digitalWrite(rightMotor1,LOW);
digitalWrite(rightMotor2,LOW);
}
```

第10章 工业机器人

10.1 工业机器人概述

10.1.1 工业机器人的概念

工业机器人是指应用于生产过程与环境的机器人,主要包括人机协作机器人和工业移动机器人,是在工业生产中使用的机器人的总称。其一般由执行机构、动力装置、控制系统和传感系统等部分组成。工业机器人根据具体应用场合不同,分为焊接机器人、装配机器人、喷涂机器人、码垛机器人等。

焊接机器人是在工业现场应用特别多的工业机器人,包括点焊机器人和弧焊机器人,用于实现自动化焊接作业。装配机器人比较多地用于电子部件或电器的装配。喷涂机器人代替人进行各种喷涂作业。码垛机器人的功能是根据工况要求的速度和精度,将物品从一处搬运到别处。

目前常见的工业机器人按照关节连接布置形式,可以分为串联机器人和并联机器人。串联机器人的杆件和关节是采用串联方式连接的,是一个开放的运动链;并联机器人的杆件和关节是采用并联方式连接的,形成封闭的运动链。

串联机器人研究较早也最为成熟,具有结构简单、成本低、控制容易等优点,应用最广。

10.1.2 串联机器人的分类

串联机器人根据执行机构的坐标形式通常分为4类,有直角坐标型机器人、圆柱坐标型机器人、极坐标型机器人和多关节型机器人,如图 10.1 所示。图 10.2 为 4 种坐标型机器人的机构简图。

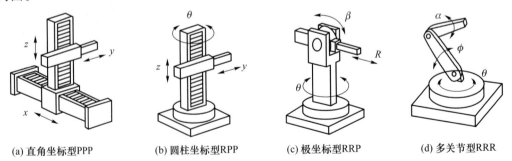

(a) 直角坐标型PPP   (b) 圆柱坐标型RPP   (c) 极坐标型RRP   (d) 多关节型RRR

图 10.1 4 种坐标型机器人的结构图

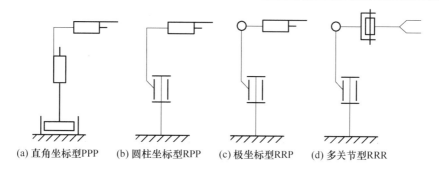

(a) 直角坐标型PPP　　(b) 圆柱坐标型RPP　　(c) 极坐标型RRP　　(d) 多关节型RRR

图 10.2　4 种坐标型机器人的机构简图

1. 直角坐标型机器人

直角坐标型机器人的关节都是移动副,在空间 3 个相互垂直的方向 x、y、z 上移动。其特点是运动独立,控制简单,位置精度最高,但操作灵活性差,运动速度较低,操作范围较小。

2. 圆柱坐标型机器人

圆柱坐标型机器人有两个移动副关节和一个转动关节来实现末端执行器位置的改变。立柱可以绕 z 轴转动,水平臂可沿立柱上下运动并且在水平方向伸缩。其特点是位置精度高、控制简单、避障性能好,但结构较庞大。

3. 极坐标型机器人

极坐标型机器人有两个转动副关节、一个移动副关节来实现末端执行器位置的改变。工作臂不仅可绕垂直轴旋转,还可绕水平轴作俯仰运动,且能沿手臂轴线作伸缩运动,其操作比圆柱坐标型更为灵活,但旋转关节反映在末端执行器上的线位移分辨率是一个变量。其特点是占地面积小,结构紧凑,位置精度尚可,但避障性能差,有平衡问题。

4. 关节型机器人

关节型机器人的关节全都是转动副,类似于人的手臂,是工业机器人中最常见的结构。机器人由立柱、大臂和小臂组成,立柱绕 z 轴旋转,形成腰关节,立柱和大臂形成肩关节,大臂与小臂形成肘关节,可使大臂作回转和俯仰运动,小臂作俯仰运动。关节型机器人操作灵活性最好,运动速度较高,操作范围大,但精度受手臂位姿的影响,实现高精度运动较困难。

10.1.3　机器人的主要技术参数

1. 自由度

自由度是机器人所具有的独立坐标轴运动的数目,一般不包括手爪(或末端执行器)的开合。自由度越多,机器人可以完成的动作越复杂,通用性越强,应用范围也越广。一般情况下,通用工业机器人有 3~6 个自由度。

2. 工作空间

工作空间是指机器人手臂末端或手腕中心(不包括末端执行器)所能达到的所有空间区域。工作空间主要用来调整手部在空间的方位。由于工作空间的形状和大小反映了机器人工作能力的大小,因而它对于机器人是十分重要的。

3. 运动速度

运动速度是指机器人在工作载荷条件下、匀速运动过程中,机械接口中心或工具中心点在单位时间内所移动的距离或转动的角度。运动速度影响机器人的工作效率,运动速度的快慢与它的驱动方式、定位方式、抓取质量大小和行程距离有关。机器人手部的运动速度应根据生产节拍、生产过程的平稳性和定位精度等要求来决定。目前,工业机器人的最大直线运动速度约为 1 000 mm/s,最大回转速度约为 120(°)/s。

4. 承载能力

承载能力是指机器人在工作范围内的任何位置上所能承受的最大质量,通常用质量、力矩、惯性矩来表示。承载能力决定了负载的质量,而且与机器人运行的速度、加速度的大小和方向有关。为了安全起见,承载能力这一技术指标是指高速运行时的承载能力。承载能力不仅指负载,而且包括机器人末端执行器的质量。

5. 分辨率

分辨率是机器人各运动副能够实现的最小移动距离或最小转动角度。分辨率分为编程分辨率和控制分辨率,二者统称为系统分辨率。

6. 运动精度

运动精度主要包括定位精度和重复定位精度,反映机器人手部的定位能力。定位精度是指机器人末端执行器实际到达的位置与目标位置之间的差距。重复精度是指在相同的指令下,机器人连续若干次重复定位至同一目标位置的能力。

10.2　工业机器人的执行机构

工业机器人的执行机构是机器人系统中极为重要的结构。执行机构包括机器人的本体机构和末端执行器。

10.2.1　机器人的本体机构

本体机构指其机体结构和机械传动系统,是机器人的支撑基础和执行机构。下面以在工业生产中应用较多的机械臂为例,说明机器人本体的构成。机器人本体主要包括基座、臂部、腕部,如图 10.3 所示。

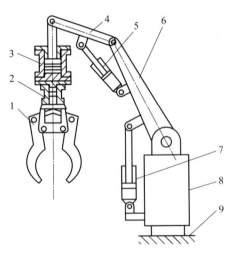

1 手部；2 夹紧缸；3 升降缸；4 小臂；
5、7 摆动油缸；6 大臂；8 立柱；9 基座。

图 10.3　机器人的本体机构

1. 基座

基座是机器人的基础部件,用来确定或固定机器人的位置,支撑机器人的质量及工作载荷。基座要有足够的强度和刚度,以保证机器人的稳定性。基座分为固定式和移动式两类。机器人的腰关节与基座相连,腰关节是负载最大的运动副,对末端执行器运动精度影响最大,故其设计精度要求高。腰关节一般采用推力轴承支撑,承受轴向力。往往把腰部和立柱被称为机器人的机身,机身与臂部相连,带动臂部绕立柱轴转动。

2. 臂部

臂部包含大臂和小臂,支撑末端执行器和手腕,是机器人的重要部件。臂部完成伸缩运动、回转、升降或上下摆动运动,从而把物料运送到工作范围内的给定位置上。臂部结构形式的选取需考虑机器人抓取物料重量以及机器人的运动方式、速度、自由度数等。

3. 腕部

腕部是指机器人的小臂与末端执行器(手部或称手爪)之间的连接部件,其作用是利用自身的自由度确定手部的空间姿态。腕部按自由度个数可分为单自由度手腕、二自由度手腕和三自由度手腕。三自由度手腕能使手部取得空间任意姿态。为了使手部能处于空间任意方向,要求腕部能实现翻转 R(roll)、俯仰 P(pitch)和偏转 Y(yaw),如图 10.4 所示。目前,RRR型三自由度手腕应用较普遍,如图 10.5 所示。腕部实际所需要的自由度数目应根据机器人的工作性能要求来确定。在有些情况下,腕部具有两个自由度,即翻转和俯仰,或翻转和偏转。

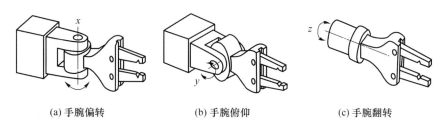

(a) 手腕偏转　　　　　(b) 手腕俯仰　　　　　(c) 手腕翻转

图 10.4　单自由度手腕

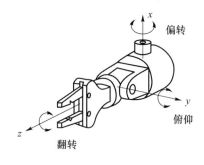

图 10.5　三自由度手腕

10.2.2　末端执行器

机器人的手部即机械手,也称末端执行器。末端执行器装在机器人手腕上直接抓握工件,是直接执行作业任务的重要部件。按照夹持原理,末端执行器可分为机械类手爪、磁力类手爪和真空类手爪 3 种;按照驱动方式,末端执行器可分为气动类、液动类、电动类和电磁类手爪。

机器人的手可以像人手一样具有手指,也可以没有手指;可以是类人的手,也可以是进行专业作业的工具,如装在机器人手腕上的喷漆枪、焊接工具等。一般机器人手部工具的通用性较差,通常是专用装置。

在设计机器人手的时候应注意以下问题:具有足够的夹持力;保证适当的夹持精度;手指应能适应被夹持工件的形状,应对被夹持工件形成所要求的约束。手部自身的大小、形状、机构和运动自由度主要根据作业对象的大小、形状、位置、姿态、重量、硬度和表面质量等来综合考虑。

下面介绍两种常用的机器人手。

1. 卡爪式夹持器

卡爪式夹持器一般由手指、驱动装置、传动机构和支架组成。其通常有两个手指(又叫作夹爪),能通过夹爪的开闭动作实现对物件的夹持。

图 10.6 和图 10.7 所示都是平行开闭式夹持器,两个机构中都有平行四边形机构,卡爪做平动。图 10.6 所示的卡爪式夹持器是由不完全齿轮驱动的,其中一个齿轮为主动轮,绕轴心做定轴转动,带动另一个齿轮做定轴转动,带动两个平行四边形机构同时运动,从而实现卡爪的张开与闭合。在图 10.7 中,滑块移动,通过连杆 AB,带动平行四边形机构 CDEF,C、D 两点是固定铰链中心,E、F 是活动铰链中心,从而实现卡爪的张开与闭合。

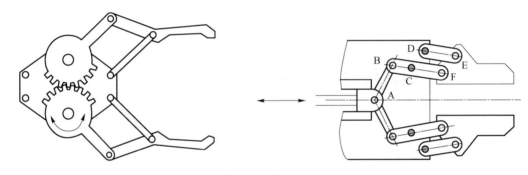

图 10.6　齿轮驱动平行开闭卡爪式夹持器　　　图 10.7　滑块移动式平行开闭卡爪式夹持器

(1) 手指

手指是直接与物件接触的构件。手指的张开和闭合实现了松开和夹紧物件。通常机器人的手部只有两个手指,少数有 3 个或多个手指。手指的结构形式常取决于被夹持工件的形状和特性。

手指除了应具有适当的开闭范围、足够的握力与相应的精度外,其形状还应适应被抓取对象物的形状。例如,若对象物为圆柱形,则往往采用 V 形手指,简称 V 形指,如图 10.8 所示;若对象物为方形,则大多采用平面形手指,简称平面指,如图 10.9 所示。

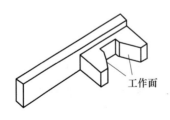

图 10.8　V 形手指　　　　　　　　　　图 10.9　平面形手指

根据工件形状、大小及其被夹持部位的材质软硬、表面性质等的不同,手指的指面又可分为光滑指面、齿形指面和柔性指面 3 种。

光滑指面平整光滑,用来夹持已加工表面,避免已加工的光滑表面受损伤。

齿形指面刻有齿纹,可增加与被夹持工件间的摩擦力,以确保夹紧可靠,多用来夹持表面粗糙的毛坯和半成品。

柔性指面镶衬了橡胶、泡沫、石棉等物,有增加摩擦力、保护工件表面、隔热等作用,一般用来夹持已加工表面、炽热件,也可用来夹持薄壁件和脆性工件。

（2）传动机构

这里的传动机构指向手指传递运动和动力,以实现夹紧和松开动作的机构。根据手指开合的特点,传动机构可分为回转型和平移型。

回转型传动机构手部的手指是一对杠杆,同斜楔、滑槽、连杆、齿轮、蜗轮蜗杆或螺杆等机构组成复合杠杆传动机构,以改变传力比、传动比及运动方向等。

平移型传动机构是通过手指的指面做直线往复运动或平面移动实现张开与闭合动作的,常用于夹持具有平行平面的工件,因其结构比较复杂,不如回转型应用广泛。

2. 吸附式取料手

吸附式取料手是目前应用较多的一种执行器,特别适用于搬运机器人。该类执行器可分气吸和磁吸两类。气吸式取料手是利用吸盘内气压与大气压之间的压力差工作的,具有结构简单、重量轻、吸附力分布均匀等优点。但这种取料手只能用于被搬运物表面较为光滑的场合。

磁吸附式取料手适合用来吸附表面不平整的被搬运物。其磁性吸附部分为装有磁粉的口袋。在通电前先将口袋压紧在被搬运物表面,然后使电磁线圈通电,口袋内的磁料就变成了块状物,从而吸附起被搬运物。

10.3　机械臂的机械结构示例

10.3.1　二自由度机械臂结构示例

若设计一个具有两个自由度的机械臂,可以设计成串联机器人,也可以设计成并联机器人。

图 10.10 所示为一个二自由度的串联机械臂,在这个机构中有两个连杆,连杆 1 由位于底座上的电机 1 驱动,连杆 2 由位于连杆 1 上的电机 2 驱动。该机构的特点是电机 2 的重量也成为电机 1 的负载,电机 2 的反作用力矩对电机 1 有影响。

图 10.11 所示为一个二自由度的并联机械臂,该机构的两个驱动电机都位于基座上,分别驱动连杆 1 和连杆 2,因此一台电机的重量和反作用扭矩不会对另一台电机产生直接影响。

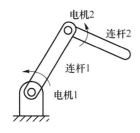

图 10.10　二自由度串联机器人

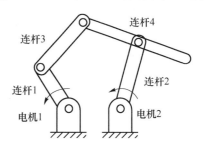

图 10.11　二自由度并联机器人

10.3.2　三自由度机械臂结构示例

　　图 10.12 所示为一个三自由度串联机器人,图 10.13 所示为一个三自由度平行四边形机器人。平行四边形机器人相比于串联机器人,功率消耗小,结构刚度大,电机之间不受直接影响等。但其结构复杂,使得平行四边形机器人的设计问题相对复杂。

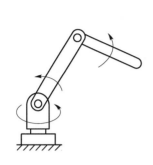

图 10.12　三自由度串联机器人

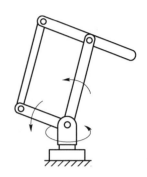

10.13　三自由度平行四边形机器人

10.3.3　关节机器人结构组成示例

　　关节模块常用在机器人的各个关节处,是机械臂不可或缺的传动部分。当用关节模块串联成机器人时,有几个关节模块就有几个自由度。关节模块用到的主要零件是舵机、支架和输出头。舵机与输出头之间,在周向上靠花键定位,在轴向上用螺钉固定。舵机与支架通过 4 个螺栓连接固定,如图 10.14 所示。

　　输出头要对外输出转矩,例如,带动大支架转动,需要在该模块上安装一个大支架,舵机另一端的短轴配合后输出头主要起定位及支撑作用,安装效果如图 10.15 所示。

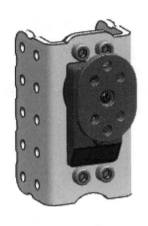

图 10.14　舵机与支架装配

舵机大支架

舵机后输出头

图 10.15　舵机与支架装配

　　注意,组装前先给标准舵机上电,令其恢复初始位置,测试舵机活动的角度范围,再进行组装。否则,若等组装完毕才发现输出头不在预想的位置,只能重新装配。

　　固定好第 1 个转动轴的舵机后,接下来要将第 2 个轴的底座固定在第 1 个轴的转盘上。一般来说,舵机都会附上许多种类的转盘或转轴,有十字形、圆形等,要按照机构上的螺钉固定孔来决定采用哪种转盘,图 10.16 中使用的就是十字形的转盘。决定了要固定的机构后,就可以把它锁紧并固定好。这里要注意:①在固定之前要先观察整个机构是否水平,否则完成后,动起来的姿势会很奇怪;②要注意整个机构的重心问题,尽量不要让电机偏向一边,以免动起来时由于重心偏移造成机构倾倒。其实,两个舵机的固定座是一模一样的,只是安装的方向不同而已,在选择这种固定座时应尽量选择有多种固定孔的,这样才可以随意改变系统的安装位置。接着把第 2 个舵机固定上去即可。这里选用的是全金属齿的大扭力舵机 MG995,其扭力为 12～13 kgf(注:1 kgf=9.806 65 N)。另外,还有 20 kgf 等级以上的舵机。扭力也是在应用时要选择的一个重要指标,若扭力太小,舵机就会有被烧毁的可能,或者无法转动。

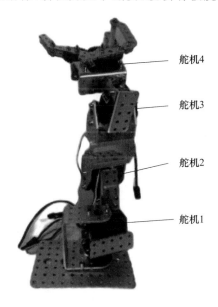

图 10.16　三自由度关节机械臂

机械手模块由舵机驱动,可通过连杆机构配合齿轮机构达到夹取的效果。机械手的方案很多,图 10.17 所示是其中的一个方案。图 10.17 中的两个齿轮大小完全相同,从而实现两个手爪的同步反向转动。铰链部分的螺栓外均装有轴套,相邻两构件间是转动副。图 10.17 中其余的螺栓与被连接件间是刚性连接。

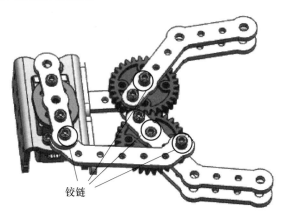

图 10.17　机械手

10.4　程序控制机器人

10.4.1　舵机位置调试工具

由于机械臂的自由度比较多,活动范围比较大,可借助于舵机驱动板配套的上位机软件进行调试。图 10.18 所示为一款舵机驱动板,计算机的 USB 接口与舵机驱动板的 MINI-USB 接口相连,如图 10.19 所示。软件设计操作界面如图 10.20 所示,可进行机械臂姿态的调整。

图 10.18　16 路舵机驱动板

图 10.19　电路硬件构成

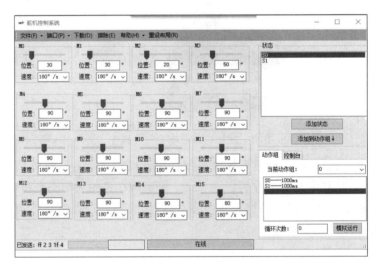

图 10.20　上位机软件操作界面

上位机软件操作步骤如下。

① 解压上位机文件夹,选择 MotorControl.exe 文件,双击打开上位机软件。

② 单击"文件"菜单,选择 16 路舵机驱动板。

③ 如果在线,上位机界面底部的状态栏显示为绿色"在线"。如果不在线,状态显示栏为黄色"离线"。在联机状态下,即下方为绿色"在线"状态,才能拖动舵机的控制条,改变转动角度。

④ 设定舵机的位置。舵机号为 M0~M15,舵机位置根据项目要求设定。在这里设置 4 个舵机的角度,通过滚动鼠标滚轮或者输入数值范围调节舵机转动的角度。

⑤ 单击"速度"选项框,改变舵机速度快慢,速度〔9(°)/s~180(°)/s〕可调。

⑥ 调试一段指令后,可单击"添加状态"按钮,输入状态名字。单击"OK"按钮,此时舵机

控制已添加到此状态里,便可在"状态"列表内自动生成动作指令。如果需要修改状态名下的舵机参数,选中该状态名,修改舵机的位置和速度。右击状态名,选择"修改"选项,完成修改。

按照上述方法,调试舵机的初始位置 S0、抓取物料位置 S1、放置物料位置 S2,记录以上 3 个位置时舵机的转角,以便后续编程使用。

10.4.2 程序控制机器人示例

【例 10.1】 程序控制机器人

程序控制机械臂抓取和放置物品。实验的具体过程请扫描二维码。

例 10.1 的实验过程

1. 机械结构

机械结构如图 10.16 所示。

2. 控制电路设计

电子模块如图 10.21 所示。

图 10.21　电子模块 3D 图

本例选用 Brasa 主板堆叠 BigFish 扩展板驱动 4 个舵机,也可采用 Arduino 和舵机驱动板进行组合。使用舵机驱动板,可参照 7.2 节的内容进行电路设计和程序编写。

3. 程序示例

```
#include<Servo.h>
Servo myS[4];
int servo_port[4]={4,7,3,8};
void setup()
{
    Serial.begin(9600);                    //定义串口波特率
    for(int i=0;i<4;i++)
    {
        myS[i].attach(servo_port[i]);       //舵机关联引脚
    }
    myS[0].write(90);
    myS[1].write(90);
    myS[2].write(90);
    myS[3].write(100);
    delay(2000);
}
```

```
void loop() {
  mySent[0].write(30);
  delay(1000);
  mySent[1].write(60);
  delay(2000);
  mySent[2].write(70);
  delay(1000);
  mySent[3].write(70);
  delay(5000);
  mySent[0].write(130);
  mySent[2].write(90);
  delay(2000);
  mySent[2].write(70);
  mySent[3].write(100);
  delay(2000);
}
```

10.5　GM65 扫描分拣机器人

10.5.1　GM65 模块简介

图 10.22　GM65 模块

GM65 模块是一款性能优良的扫描模块,如图 10.22 所示,它不仅可以轻松读取各类一维条形码,还可以高速读取二维码,对纸质条码及显示屏上的条码都能轻松扫描。GM65 条码识读模块在图像智能识别算法的基础上开发了先进的条码解码算法,可以非常容易且准确地识读条码符号,极大地简化了条码识读产品的开发难度。GM65 模块是建立在符合最苛刻的扫描要求基础上的,提供在完全黑暗的环境中以及过大的温度范围内一致的扫描性能。GM65 模块的参数如表 10.1 所示。

表 10.1　GM65 模块的参数

项　目	参　数	项　目	参　数
工作电压	DC 4.2～6.0 V	瞄准	红光瞄准
待机电流	30 mA	识读角度	旋转 360°,倾斜±65°,偏转±60°
工作电流	160 mA	分辨率	648 像素×488 像素
休眠电流	3 mA	扫描角度	35°(水平),28°(垂直)
光源	白光		

10.5.2　串行通信接口设置

GM65 模块提供 TTL-232 串行通信接口与主机进行通信连接。经由通信接口,可以接收识读数据、对识读模块发出指令进行控制,以及更改识读模块的功能参数等。

　　串行通信接口是连接识读模块与主机设备(如 PC、POS 等设备)的一种常用方式。当识读模块与主机使用 USB 转串口线(CH340)连接时,系统默认采用串行通信模式。若没有CH340,可通过 Arduino 进行连接,如图 10.23 所示。

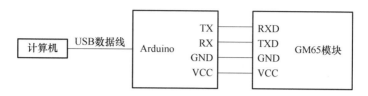

图 10.23　GM65 模块与计算机连接

　　使用串行通信接口时,只有识读模块与主机设备间在通信参数配置上完全匹配,才可以确保通信顺畅和内容正确。

　　参数设置步骤如下。

　　① 按照图 10.23 连接计算机与 GM65 识读模块。

　　② 用 GM65 模块扫描图 10.24(a)中的"开启设置码"二维码,可通过扫描设置码来进行识读模块的参数配置。因为此功能是默认状态,可不用扫描。

　　③ 用 GM65 模块扫描图 10.24(b)中的"输出设置码"二维码,设置后模块才能进行输出。

　　④ 用 GM65 模块扫描图 10.24(c)中的"保存设置码"二维码,才能将读取到的数据保存下来。

　　⑤ 用 GM65 模块扫描图 10.24(d)中的"串口输出"二维码,设置模块为串口输出形式。

　　⑥ 用 GM65 模块扫描图 10.24(e)中的"默认 9 600 bit/s"二维码,设置串口通信波特率为9 600 bit/s。因为是默认值,可不用扫描。

　　⑦ 用 GM65 模块扫描图 10.24(f)中的"感应模式"二维码,在感应识读模式下,GM65 模块也可在按下触发键后开始读码,当读码成功输出信息或松开触发键后继续监测周围环境的亮度。

　　⑧ 用 GM65 模块扫描图 10.24(g)中的"手动模式"二维码,在此模式下,GM65 模块在按下触发键后开始读码,在读码成功输出信息或松开触发键后停止读码。手动识读模式为默认识读模式,可不扫描。

(a) 开启设置码　　　　(b) 输出设置码　　　　(c) 保存设置码　　　　(d) 串口输出

(e) 默认9 600 bit/s　　　(f) 感应模式　　　　(g) 手动模式

图 10.24　GM65 模块参数设置

10.5.3　GM65 模块读取二维码示例

【例 10.2】　GM65 模块读取二维码

利用识别模块 GM65 扫描产品上的二维码。实验的具体过程请

扫描二维码。

例 10.2 的实验过程

按照图 10.23 连接电路，Arduino 板的数字引脚 2 与 GM65 的 TX 引脚相连，数字引脚 3 与 GM65 的 RX 引脚相连，Arduino 板的 5 V 接 GM65 的 VCC 引脚，GND 相连共地。

扫描图 10.24 中的二维码，完成以上参数的设置。用手机下载并安装"二维码生成器" App，可生成数字或文本的二维码，图 10.25(a)所示为数字 1 的二维码，图 10.25(b)所示为数字 2 的二维码。

(a) 数字1的二维码　　　　　　(b) 数字2的二维码

图 10.25　数字 1 和 2 的二维码

```
# include < SoftwareSerial.h >
# define rxPin 2
# define txPin 3
SoftwareSerial GM(rxPin,txPin);
String comdata = "";
  int a;
void setup() {
  Serial.begin(9600);
  GM.begin(9600);
  }


void loop() {
    if(GM.available()>0){
      delay(100);
      comdata = GM.readString();
      a = comdata.toInt();
      Serial.print("Serial.readString:");
      Serial.println(comdata);
      if(a == 1)
      Serial.println("Left");
      if(a == 2)
      Serial.println("Right");
      comdata = "";
    }
}
```

编译并上传程序，当扫描图 10.25 中的二维码时，因为前面设置为手动模式，需要按下模块上的触发键，在串口监视器中将看到二维码信息"1"或"2"。

10.5.4 二维码识别分拣机器人示例

【例 10.3】 二维码识别分拣机器人

利用识别模块 GM65 扫描产品上的二维码,根据二维码信息,调整机械臂和机械爪的运动,从而实现定点抓取、放置物料的功能。

1. 机械结构设计

该机械臂如图 10.26 所示,有 4 个自由度,所以需要 4 个舵机。另外,机械手爪的开合需要 1 个舵机,该机构共需要 5 个舵机。

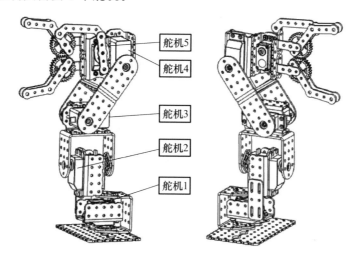

图 10.26 四自由度机械臂

由于机械臂的自由度比较多,活动范围比较大,可借助于舵机调试工具进行调试。调试工具用到的硬件如图 10.18 所示,软件设计操作界面如图 10.20 所示,可进行机械臂姿态的调整,记录初始位置、抓取位置以及两个放置位置中舵机的角度。

2. 电路设计

本例选用 Basra 主板堆叠 BigFish 扩展板驱动 5 个舵机,如图 10.27 所示。当然也可采用 Arduino 和舵机驱动板进行组合。使用舵机驱动板,可参照 7.2 节的内容进行电路设计和程序编写。

图 10.27 主板、扩展板以及舵机的连接

补充说明:GM65 模块与 Arduino 的连接,在图 10.27 中没有画出。将数字引脚 2 与 GM65 的 TX 引脚相连,数字引脚 3 与 GM65 的 RX 引脚相连,Arduino 的 5 V 与 GM65 的

VCC 引脚相连,Arduino 与 GM65 模块的 GND 相连。

3. 程序流程图

图 10.28 为例 10.3 的程序流程图。

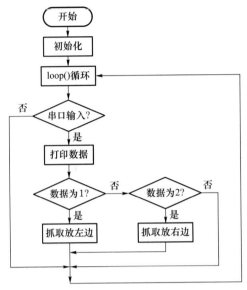

图 10.28　例 10.3 的程序流程图

4. 程序示例

```
# include < Servo. h >
# include < SoftwareSerial. h >
# define rxPin 2            //连接 GM65 的 TX 引脚
# define txPin 3            //连接 GM65 的 RX 引脚
SoftwareSerial  GM65(rxPin,txPin);
Servo myservo1;
Servo myservo2;
Servo myservo3;
Servo myservo4;
Servo myservo5;
int y1,y2,y3,y4,y5;
int DELAY = 150;
int b = 0;
void setup(){
  GM65. begin(9600);
  Serial. begin(9600);
  myservo1. attach(4);
  myservo2. attach(7);
  myservo3. attach(11);
  myservo4. attach(8);
  myservo5. attach(12);
  myservo1. write(y1 = 151);
  myservo2. write(y2 = 85);
  myservo3. write(y3 = 96);
  myservo4. write(y4 = 25);
```

```
    myservo5.write(y5 = 56);
  }
  void SERVO(int x1,int x2,int x3,int x4,int x5)
  { for (int i = 0;i < DELAY;i ++ ) {
      y1 = y1 + (x1    − y1) * i/DELAY;
      myservo1.write(y1);
      y2 = y2 + (x2 − y2) * i/DELAY;
      myservo2.write(y2);
      y3 = y3 + (x3 − y3) * i/DELAY;
      myservo3.write(y3);
      y4 = y4 + (x4 − y4) * i/DELAY;
      myservo4.write(y4);
      y5 = y5 + (x5 − y5) * i/DELAY;
      myservo5.write(y5);
      y6 = y6 + (x6 − y6) * i/DELAY;
      myservo6.write(y6);
      delay(20);
    }//delay
  }
  void Right_Location()
  {
    SERVO(153,83,97,23,55);
    SERVO(146,118,127,11,57);
    SERVO(146,139,127,0,57);
    SERVO(146,139,127,0,57);
    SERVO(149,95,127,0,57);
    SERVO(79,95,127,0,57);
    SERVO(79,137,139,0,57);
    SERVO(79,137,139,0,57);
    SERVO(79,92,129,0,57);
    SERVO(156,92,129,0,57);
    SERVO(153,83,97,23,55);
  }
  void Left_Location()
  {
    SERVO(153,83,97,23,55);
    SERVO(146,118,127,11,57);
    SERVO(146,139,133,0,57);
    SERVO(146,139,132,0,57);
    SERVO(146,95,132,0,57);
    SERVO(115,95,132,0,57);
    SERVO(115,129,142,0,57;
    SERVO(115,129,142,0,57);
    SERVO(115,92,131,0,55);
    SERVO(161,90,131,0,55);
    SERVO(161,68,109,13,57);
  }
  void loop(){
```

```
if(GM65.available()>0)
{
    b = GM65.parseInt()          //读取整数类型数据的二维码
    Serial.println(b);           //打印二维码
  if(b==1) {
    Left_Location();
    b = 0;
}
  if(b==2) {
    Right_Location();
    b = 0;
  }
}
```

10.6 颜色识别分拣机器人

10.6.1 TCS3200 颜色传感器介绍

TCS3200 颜色传感器是一款全彩的颜色检测器，如图 10.29 所示。其包括一块 TAOS TCS3200RGB 感应芯片和 4 个白色 LED。TCS3200 能在一定范围内检测和测量几乎所有的可见光。TCS3200 有大量的光检测器，每个都有红绿蓝和清除 4 种滤光器。每 6 种颜色滤光器均匀地按数组分布来清除颜色中偏移位置的颜色分量。其内置的振荡器能输出方波，其频率与所选择的光的强度成比例关系。

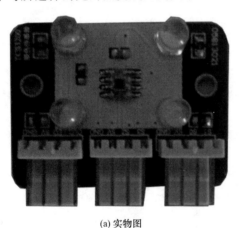

(a) 实物图

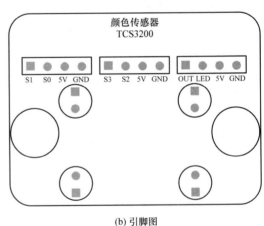

(b) 引脚图

图 10.29 TCS3200 颜色传感器

TCS3200 颜色传感器对目标物体的颜色进行判定，并向主板回传颜色的信息，按主板运行的逻辑程序进行相对应的动作。

10.6.2 颜色识别原理

人眼所看到的物体颜色实际上是物体表面吸收了照射到它上面的白光（日光）中的一部分有色成分，而反射出的另一部分有色光在人眼中的反应。白色是由各种频率的可见光混合在一起构成的,也就是说,白光中包含着各种颜色的色光(如红 R、黄 Y、绿 G、青 V、蓝 B、紫 P 等)。根据德国物理学家赫姆霍兹的三原色理论可知,各种颜色是由不同比例的三原色(红、绿、蓝)混合而成的。

由上面的三原色感应原理可知,如果知道构成各种颜色的三原色的值,就能够知道所测试物体的颜色。对于 TCS3200 来说,当选定一个颜色滤波器时,它只允许某种特定的原色通过,阻止其他原色通过。例如:当选择红色滤波器时,入射光中只有红色可以通过,蓝色和绿色都被阻止,这样就可以得到红色光的光强;同理,选择其他的滤波器,就可以得到蓝色光和绿色光的光强。通过这三个光强值,就可以分析出反射到 TCS3200 传感器上的光的颜色。当被测物体反射光的红、绿、蓝三色光线分别透过相应滤波器到达 TAOS TCS3200RGB 感应芯片时,其内置的振荡器会输出方波,方波频率与所感应的光强成比例关系,光线越强,内置的振荡器方波频率越高,OUT 引脚输出信号的频率与内置振荡器的频率也成比例关系。经白平衡后,以白色为基准得到 RGB 的比例因子,确认所测光的颜色,如图 10.30 所示。

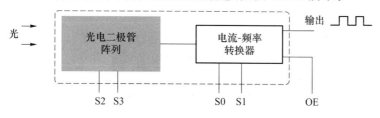

图 10.30　TCS3200 功能图

TCS3200 颜色传感器有红、绿、蓝和清除 4 种滤光器,可以通过其引脚 S2 和 S3 的高低电平来选择滤波器模式,如表 10.2 所示。

表 10.2　滤波模式表

S2	S3	颜色类别
LOW	LOW	红
LOW	HIGH	蓝
HIGH	LOW	清除,无脉冲
HIGH	HIGH	绿

TCS3200 传感器有一个 OUT 引脚,该引脚所输出信号的频率与内置振荡器的频率也成比例关系,它们的比率因子可以靠其引脚 S0 和 S1 的高低电平来选择,如表 10.3 所示。

表 10.3　比率因子表

S0	S1	输出频率
LOW	LOW	不上电
LOW	HIGH	2%
HIGH	LOW	20%
HIGH	HIGH	100%

10.6.3　颜色识别分拣机器人示例

【例 10.4】　颜色识别分拣机器人

用 TCS3200 颜色传感器识别物体的颜色,将物体按红色、绿色、蓝色分别放置在不同的仓库位置。

1. 机械结构

机械臂仍然采用图 10.26 所示的结构，调试工具用到的硬件如图 10.18 所示，软件设计操作界面如图 10.20 所示。

2. 电路设计

该实例选用 Basra 主板堆叠 BigFish 扩展板驱动 5 个舵机，当然也可采用 Arduino 和舵机驱动板进行组合。使用舵机驱动板，可参照 7.2 节的内容进行电路设计和程序编写。

5 个舵机的信号线分别连接引脚 4、引脚 7、引脚 11、引脚 8、引脚 12。其中，引脚 12 连接的舵机控制机械手爪的开合，如图 10.31 所示。

TCS 3200 传感器用四芯导线连接 BigFish 的传感器接口引脚，如图 10.31 所示，详见程序中的引脚定义。

图 10.31　例 10.4 的电路连接图

3. 程序流程图

图 10.32 为例 10.4 的程序流程图。

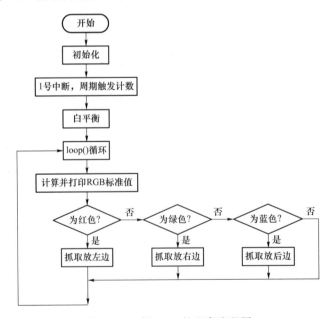

图 10.32　例 10.4 的程序流程图

4. 程序示例

/* 首先进行白平衡,把一个白色物体放置在 TCS3200 颜色传感器之下,两者相距 10 mm 左右,点亮传感器上的 4 个白光 LED,用 Arduino 控制器的定时器设置一固定时间 1 s;然后选通 3 种颜色的滤波器,让被测物体反射光中红、绿、蓝三色光分别通过滤波器,计算 1 s 时间内三色光对应的 TCS3200 的输出脉冲数,再通过算式得到白色物体 RGB 值 255 与三色光脉冲数的比例因子。

有了白平衡后,则用其他颜色物体反射光中红、绿、蓝三色光对应的 1 s 内 TCS3200 输出信号脉冲数乘以 R、G、B 比例因子,就可换算出被测物体的 RGB 标准值。 */

```
#include<Servo.h>                //舵机库文件
#include<MsTimer2.h>             //定时器库文件
#include "TimerOne.h"
//把 TCS3200 颜色传感器各控制引脚连到 Arduino 数字端口
#define S0     A0     //物体表面的反射光越强,TCS3002D 的内置振荡器产生的方波频率越高
#define S1     A1     //S0 和 S1 的组合决定输出信号频率比率因子,比率因子为 2%
                      //比率因子为 TCS3200 传感器 OUT 引脚输出信号频率与其内置振荡器频率之比
#define S2     A4     //S2 和 S3 的组合决定让红、绿、蓝哪种光线通过滤波器
#define S3     A5
#define OUT    2      //将 TCS3200 颜色传感器输出信号输入 Arduino 中断 0 引脚,并引发脉冲信号中断
                      //在中断函数中记录 TCS3200 输出信号的脉冲个数
#define LED    A3     //控制 TCS3200 颜色传感器是否点亮
int g_count = 0;      //计算与反射光强相对应的 TCS3200 颜色传感器输出信号的脉冲数
//数组存储在 1 s 内 TCS3200 输出信号的脉冲数,它乘以 RGB 比率因子就是 RGB 标准值
int g_array[3];
int g_flag = 0;              //滤波器模式选择顺序标志
float g_SF[3];               //存储从 TCS3200 输出信号的脉冲数转换为 RGB 标准值的 RGB 比例因子
int a;                       //舵机 map 映射角度
int y1 = 100;                //舵机 1 号初始角度
int y2 = 20;                 //舵机 2 号初始角度
int y3 = 180;                //舵机 3 号初始角度
int y4 = 0;
int y5 = 166;
int STEP = 70;
int Delay = 15;
int RED,GREEN,BLUE;
ServoTimer2 servo1;          //舵机 1 号引脚 4
ServoTimer2 servo2;          //舵机 2 号引脚 7
ServoTimer2 servo3;          //舵机 3 号引脚 11
ServoTimer2 servo4;          //舵机 4 号引脚 8
ServoTimer2 servo5;          //舵机 5 号引脚 12
//初始化 TCS3200 各控制引脚的输入输出模式
//设置 TCS3200 的内置振荡器方波频率与其输出信号频率的比率因子为 2%
void setup()//初始化
{
    pinMode(S0,OUTPUT);
```

```
    pinMode(S1,OUTPUT);
    pinMode(S2,OUTPUT);
    pinMode(S3,OUTPUT);
    pinMode(OUT,INPUT);
    pinMode(LED,OUTPUT);
    digitalWrite(S0,HIGH);                //S0、S1 输出为 LOW、LOW 时,不上电
    digitalWrite(S1,HIGH);
    servo1.attach(4);
    servo2.attach(7);
    servo3.attach(11);
    servo4.attach(8);
    servo5.attach(12);
    Serial.begin(9600);//启动串行通信
    Timer1.initialize();//defaulte is 1 s
    Timer1.attachInterrupt(TSC_Callback);//设置定时器 1 的中断,中断调用函数为 TSC_Callback()
    //设置 TCS3200 输出信号的上跳沿触发中断,中断调用函数为 TSC_Count()
    attachInterrupt(0,TSC_Count,RISING);
    digitalWrite(LED,0);//点亮 LED
    delay(1500);//延时 4 s,以等待被测物体红、绿、蓝三色在 1 s 内 TCS3200 输出信号的脉冲计数
    //通过白平衡测试,计算得到白色物体 RGB 值 255 与 1 s 内三色光脉冲数的 RGB 比率因子
g_SF[0] = 6.89189;
g_SF[1] = 9.80769;
g_SF[2] = 9.80769;


/* g_SF[0] = 255.0/g_array[0];        //红色光比率因子 6.89189 9.80769 9.80769
   g_SF[1] = 255.0/g_array[1];        //绿色光比率因子
   g_SF[2] = 255.0/g_array[2];        //蓝色光比率因子
   //红、绿、蓝三色光对应的 1 s 内 TCS3200 输出脉冲数乘以相应的比率因子就是 RGB 标准值
    Serial.println(g_SF[0],5);
    Serial.println(g_SF[1],5);
    Serial.println(g_SF[2],5);
    SERVO(100,20,180,0,166);          //唤醒
    SERVO(100,150,180,160,120);       //中间准备抓
    SERVO(100,180,115,140,120);       //欲抓
    SERVO(100,180,115,130,120);       //抓
    SERVO(100,180,115,130,165);       //抓
}
//选择滤波器模式,决定让红、绿、蓝哪种光线通过滤波器
void TSC_FilterColor(int Level01,int Level02)
{
  if(Level01 != LOW)
    Level01 = HIGH;
  if(Level02 != LOW)
```

```
        Level02 = HIGH;
    digitalWrite(S2,Level01);
    digitalWrite(S3,Level02);
}
//中断函数,计算 TCS3200 输出信号的脉冲数
void TSC_Count()
{
    g_count++;
}
//定时器中断函数,每 1 s 中断后,把该时间内的红、绿、蓝三种光线通过滤波器时,
//TCS3200 输出信号脉冲个数分别存储到数组 g_array[3]的相应元素变量中
void TSC_Callback()
{
    switch(g_flag)
    {
        case 0:
            TSC_WB(LOW,LOW);         //选择让红色光线通过滤波器的模式
            break;
        case 1:
            g_array[0] = g_count;    //存储 1 s 内的红光通过滤波器时,TCS3200 输出的脉冲个数
            TSC_WB(HIGH,HIGH);       //选择让绿色光线通过滤波器的模式
            break;
        case 2:
            g_array[1] = g_count;    //存储 1 s 内的绿光通过滤波器时,TCS3200 输出的脉冲个数
            TSC_WB(LOW,HIGH);        //选择让蓝色光线通过滤波器的模式
            break;
        case 3:
            g_array[2] = g_count;    //存储 1 s 内的蓝光通过滤波器时,TCS3200 输出的脉冲个数
            TSC_WB(HIGH,LOW);        /选择无滤波器的模式
            break;
        default:
            g_count = 0;             //计数值清零
            break;
    }
}
//设置反射光中红、绿、蓝三色光分别通过滤波器时如何处理数据的标志
//该函数被 TSC_Callback()调用
void TSC_WB(int Level0,int Level1)
{
    g_count = 0;                     //计数值清零
    g_flag++;                        //输出信号计数标志
    TSC_FilterColor(Level0,Level1);  //滤波器模式
    Timer1.setPeriod(100000);        //设置输出信号脉冲计数时长 1 s
```

```
}
//主程序
/********************************************************************/
int angle180(int x){a = map(x,0,180,544,2400);return a;}
void SERVO(int x1,int x2,int x3,int x4,int x5)
{int MAX = max(max(max(max(abs(x1 - y1),abs(x2 - y2)),abs(x3 - y3)),abs(x4 - y4)),abs(x5 - y5));
   for(int i = 0;i < STEP;i + + ){
        int a1 = angle180(y1 = y1 + (x1 - y1) * i/STEP);
        servo1.write(a1);
        int a2 = angle180(y2 = y2 + (x2 - y2) * i/STEP);
        servo2.write(a2);
        int a3 = angle180(y3 = y3 + (x3 - y3) * i/STEP);
        servo3.write(a3);
        int a4 = angle180(y4 = y4 + (x4 - y4) * i/STEP);
        servo4.write(a4);
        int a5 = angle180(y5 = y5 + (x5 - y5) * i/STEP);
        servo5.write(a5);
        float T = Delay * MAX/90;
        delay(T);}//delay
Serial.println(MAX);
}
/********************************************************************/
void RIGHT()
{SERVO(90,90,115,50,165);
 SERVO(5,90,115,50,165);
 SERVO(5,150,180,160,165);              //准备放
 SERVO(5,180,115,140,165);              //欲放
 SERVO(5,180,115,130,120);              //放
 delay(500);
 SERVO(5,20,180,0,166);                 //唤醒
 SERVO(100,150,180,160,120);            //中间准备抓
 SERVO(100,180,115,140,120);            //欲抓
 SERVO(100,180,115,130,120);            //抓
 SERVO(100,180,115,130,165);            //抓
}
void LEFT()
{SERVO(110,90,115,50,165);
 SERVO(180,90,115,50,165);
 SERVO(180,150,180,160,165);            //准备放
 SERVO(180,180,115,140,165);            //欲放
 SERVO(180,180,115,130,120);            //放
 delay(500);
 SERVO(180,20,180,0,166);               //唤醒
```

```
    SERVO(100,150,180,160,120);//中间准备抓
    SERVO(100,180,115,140,120);//欲抓
    SERVO(100,180,115,130,120);//抓
    SERVO(100,180,115,130,165);//抓
}
void BACK()
{
  Delay = 40;
  SERVO(100,90,90,90,165);
  SERVO(100,0,55,40,165);
  Delay = 20;
  SERVO(100,0,55,40,120);
delay(500);

  SERVO(100,20,180,0,166);//唤醒
  SERVO(100,150,180,160,120);  //中间准备抓
  SERVO(100,180,115,140,120);//欲抓
  SERVO(100,180,115,130,120);//抓
  SERVO(100,180,115,130,165);//抓
}
void loop()
{
    int color[3];
    g_flag = 0;
    //每获得一次被测物体 RGB 颜色值需时 4 s
    delay(500);
    //打印出被测物体 RGB 颜色值
    for(int i = 0;i < 3;i + + )
    color[i] = g_array[i] * g_SF[i];
    RED = color[0]/color[1] + color[0]/color[2];
    GREEN = color[1]/color[0] + color[1]/color[2];
    BLUE = color[2]/color[0] + color[2]/color[1];
    if(RED > 2.6){RIGHT();}
    if(GREEN > 2.6){LEFT();}
    if(BLUE > 2.6){BACK();}
  }
```

第11章 足式机器人

相比于轮式机器人和履带式机器人,足式机器人具有较好的地面适应性、灵活性,越障能力强,可到达的空间更为广泛。因此,足式机器人在军事侦察、农业采摘、野外勘探等领域有着广阔的应用前景。本章主要介绍双足、四足机器人。

11.1 双足机器人

双足机器人是一种仿人足式移动机器人,它凭借运动灵活、躲避障碍能力强及运动盲区小等优势,可以实现双足行走、跨越障碍以及上、下楼梯等类人动作,可替代人类从事救援、医疗、勘探、服务等行业。例如,美国波士顿动力公司的 Atlas 机器人可以完成过独木桥、跳箱子、走斜板、支撑跨栏、后空翻下台阶等一系列动作,已接近人类的运动能力。

11.1.1 双足机器人的结构设计

人类的每条腿有 3 个关节,即髋关节、膝关节和踝关节,共 12 个自由度。髋关节有 3 个自由度,可实现前后的摆动、侧向运动和转体运动;膝关节有 1 个自由度,可实现前后的俯仰转动;踝关节有 2 个自由度,可实现前后摆动和侧向的转动。考虑到过多的自由度会影响机器人双足行走的稳定性,并增加步态规划的复杂性,可只保留前进步态规划的自由度,即髋关节、膝关节和踝关节各一个自由度,形成单腿 3 自由度、双腿 6 自由度的设计方案,如图 11.1 所示。踝关节使机器人可以在平整的斜面上运动,膝关节不仅可以减小摆动脚着地时的冲击,而且和髋关节协作使机器人可以上下楼梯、实现一定范围内的避障。

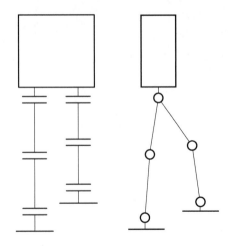

图 11.1 双足机器人结构图

11.1.2 双足机器人的步态规划

机器人在前进步态规划中,需要做出抬腿、动胯、动脚等动作。以人类在行走过程中先迈左腿、再迈右腿、最后实现两脚合并为例,设计过程如图 11.2 所示。首先左腿髋关节向前运动,达到图 11.2(b)所示姿态,左腿抬起的同时膝关节弯曲至图 11.2(c)所示姿态;然后使左腿前倾,踝关节落地,完成迈左腿动作至图 11.2(d)所示姿态,同时右腿髋关节向前运动,使右腿抬起的同时膝关节弯曲,完成图 11.2(e)、图 11.2(f)所示姿态;最后使右腿前倾,踝关节落地,完成迈右腿动作至图 11.2(g)所示姿态,完成行走动作。由于机器人的行走可以看作多个步态的组合,因此,在规划好一个步态之后,其他步态仿效此步态即可。

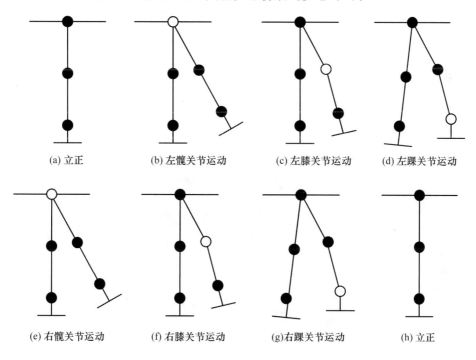

(a) 立正   (b) 左髋关节运动   (c) 左膝关节运动   (d) 左踝关节运动

(e) 右髋关节运动   (f) 右膝关节运动   (g)右踝关节运动   (h) 立正

图 11.2 双足机器人步态规划图

上述机器人的步态规划只是对人类在双腿运动过程中髋关节、膝关节及踝关节运动的大致模仿,与真实的人类步行在细节之处仍存在很多不同,因此无法像人类一样时刻保持身体平衡与运动平稳。

11.1.3 双足机器人示例

【例 11.1】 双足机器人行走
实验的具体过程请扫描二维码。
例 11.1 的实验过程

1. 机械结构

六自由度机器人需要在机器人的 6 个关节处安装 6 个舵机,每两个舵机之间用刚性连接件连接,螺栓紧固,形成机器人的"大腿"与"小腿"。舵机间的连接件选用铝材,质量较轻且具有一定强度。为了提高行走的稳定性,选择铝材平面骨架作为脚底,如图 11.3 所示。在实际制作机器人时,还需进行多次调试,以确定机器人在行走过程中每个舵机转动的最佳角度,保证机器人运动的平稳性。

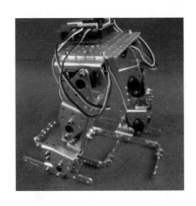

图 11.3　双足机器人

2. 电路设计

该实例选用 Brasa 板堆叠 BigFish 扩展板驱动 6 个舵机，如图 11.4 所示。当然也可采用 Arduino 和舵机驱动板组合。使用舵机驱动板可参照 7.2 节所述的内容进行电路设计和程序编写。

图 11.4　主板、扩展板以及舵机连接

3. 程序设计示例

```
int a = 0,b = 0,c = 0,d = 0,e = 0,f = 0;      //函数的初始值
# include < Servo. h >
Servo servo_pin_12;                            //这 5 个是数据引脚
Servo servo_pin_8;
Servo servo_pin_3;
Servo servo_pin_11;
Servo servo_pin_7;
Servo servo_pin_4;
void setup()
{
    servo_pin_12.attach(12);                   //舵机到 12 的角度
    servo_pin_12.write(124);                   //舵机之后转到 124 的角度
```

```
    servo_pin_8.attach(8);
    servo_pin_8.write(158);
    servo_pin_3.attach(3);
    servo_pin_3.write(102);
    servo_pin_11.attach(11);
    servo_pin_11.write(93);
    servo_pin_7.attach(7);
    servo_pin_7.write(63);
    servo_pin_4.attach(4);
    servo_pin_4.write(92);
    delay(3000);
}
void loop() //舵机定义的子程序
{
    int a = 124;b = 158;c = 102;d = 93;e = 63;f = 92;
    servo_pin_12.write(a);
    servo_pin_8.write(b);
    servo_pin_3.write(c);
    servo_pin_11.write(d);
    servo_pin_7.write(e);
    servo_pin_4.write(f);
    for(a = 124;a < = 144;a + = 1) {
      servo_pin_12.write(a);delay(1);
      }
for(b = 158;b > = 120;b - = 1) {
      servo_pin_8.write(b);delay(1);
    }
    for(c = 102;c > = 83;c - = 1) {
      servo_pin_3.write(c);
        delay(5);
}
for(f = 92;f > = 41;f - = 1) {
    servo_pin_4.write(f);
    delay(5);
}
for(e = 63;e > = 12;e - = 1) {
    servo_pin_7.write(e);
    delay(5);
    }
a = 124;b = 120;
for(int i = 0;i < = 9;i + = 1) {
    servo_pin_12.write(a);
    servo_pin_8.write(b);
```

```
      a-=5;b-=3;
      delay(20);
      }
  f=41; d=93; c=83;
  for(int i=0;i<=9;i++){
      servo_pin_4.write(f);
      servo_pin_11.write(d);
      servo_pin_3.write(c);
      f+=2; c-=1; d-=7;
      delay(20);
  }
  for(f=61;f<=75;f+=1){
      servo_pin_4.write(f);
      delay(5);
  }
  for(c=63;c<=120;c+=1){
      servo_pin_3.write(c);
      delay(5);
  }
  for(f=75;f<=90;f+=1){
      servo_pin_4.write(f);
      delay(5);
  }
  for(int h=0;h<=9;h++){
      servo_pin_11.write(d);
      servo_pin_7.write(e);
      d+=7;
      e+=5;
      delay(40);
  }
  for(b=94;b<=158;b+=1){
      servo_pin_8.write(b);
      delay(5);
  }
  for(c=120;c>=102;c-=1){
      servo_pin_3.write(c);
      delay(5);
  }
  for(a=94;a<=124;a+=1){
      servo_pin_12.write(a);
      delay(5);
      }
  }
```

　　给组装好的机器人装好主板、扩展板、电池,连好电路。用 USB 连到计算机上,进行调试,按上面的方法继续调整舵机角度,通过各个舵机的配合,把机器人的姿态调整到合适的目标位置,使机器人能够成功行走。

11.2　四足机器人

　　四足机器人是一种多足机器人,由于四足机器人比双足机器人承载能力强、稳定性好,同时又比六足、八足机器人结构简单,因而受到国内外研究人员的重视。四足机器人可以用于军事物资运输、危险环境探测、教育和娱乐等领域,有着非常广阔的应用前景。

11.2.1　四足机器人的结构设计

　　四足机器人是一种仿生机器人,仿生结构设计是关键。四足动物的腿部一般包括髋关节、膝关节和踝关节。在行走过程中,髋关节包括两个自由度,可实现前后的摆动和侧摆运动;膝关节有 1 个自由度,实现前后摆动;踝关节有 1 个自由度,也是实现前后摆动。腿部的这些自由度使得四足动物可以在复杂的环境下灵活运动和高速奔跑。

　　四足机器人由一个躯体和四条腿组成,躯体设计为刚性整体。为了方便控制,忽略踝关节的自由度,保留髋关节的一个自由度、膝关节的一个自由度,所以每条腿有两个舵机,舵机之间用舵机支架刚性连接,通过控制各个舵机的转动实现四足机器人的运动,如图 11.5 所示。

图 11.5　四足机器人

11.2.2　四足机器人的步态规划

　　动物运动的基本原理是通过抬腿和放腿到新的位置来移动。行走时,为了让身体稳定,所有的腿必须协调运动。抬腿和放腿的协调运动称为步态。四足机器人的步态有多种,常用的有慢走、对角小跑、单侧小跑、双足跳跃等,不同的步态适用于不同的机器人速度。

　　一个周期分成两个相位,即摆动相和支撑相。摆动相是足被抬起处于悬空且寻找下一个支撑点的阶段,支撑相是足与地面接触且支撑和推动躯体的阶段。

　　足抬起是摆动相的开始,依靠腿的屈曲,足脱离地面。髋、膝和踝开始屈曲,将腿移动到一个更前的位置。在腿的移运过程中，膝和踝开始伸展，直到足与地面接触。

足的放置是支撑相的开始。在足与地面接触后，腿开始伸展。膝和踝轻微地屈曲在躯体的重量下。整条腿在支撑期间继续伸展，推动躯体前移，直到下一个摆动相开始才结束。

四足机器人慢走是三角步态，该步态是四足步行机器人实现步行的典型步态。图 11.6 是四足机器人三足步态直线运动的步态规划图。其中，长方形表示机器人躯干部分，假设机器人的质心就是长方形的几何中心，实心圆点表示处于支撑腿状态的足端，空心圆点表示处于摆动腿状态的足端。四足机器人按照 1→4→2→3 的抬跨次序完成一个周期的步行运动。

① 四足机器人初始状态如图 11.6(a) 所示，此时机器人的 4 条腿均为支撑腿。

② 当机器人向前运动时，如图 11.6(b) 所示，以 2、3、4 腿为支撑腿，1 腿向上抬起，先向前摆动，然后放下。

③ 如图 11.6(c) 所示，以 1、2、3 腿为支撑腿，4 腿向上抬起，先向前摆动，然后放下，支撑腿支撑躯干部分重心向前移动。

④ 如图 11.6(d) 所示，以 1、3、4 腿为支撑腿，2 腿向上抬起，先向前摆动半个步长，然后放下，机器人躯干部分向前移动。

⑤ 如图 11.6(e) 所示，以 1、2、4 腿为支撑腿，3 腿向上抬起，先向前摆动，然后放下，支撑腿支撑躯干部分重心向前移动，四足机器人回到初始状态，这样就完成了向前行走的一个周期。

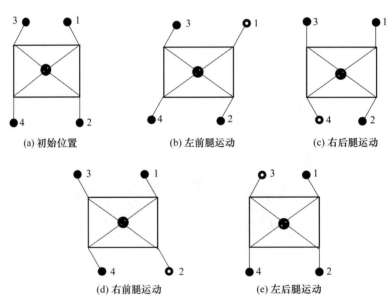

图 11.6　四足机器人三足步态规划图

11.2.3　四足机器人示例

【例 11.2】　四足机器人行走
实验的具体过程请扫描二维码。

例 11.2 的实验过程

1. 电路设计

该实例选用 Brasa 板堆叠 2 个 BigFish 扩展板驱动 8 个舵机，四足机器人控制系统的硬件构成如图 11.7 所示。

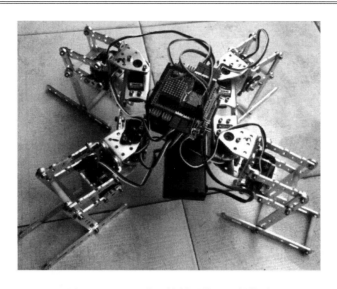

图 11.7 四足机器人控制系统的硬件构成

2. 程序设计

```
# include < Servo. h >
# include < IRremote. h >
int RECV_PIN = 13;
IRrecv irrecv(RECV_PIN);
decode_results results;
Servo gj14;
Servo gj23;
Servo gj1;
Servo gj2;
Servo gj3;
Servo gj4;
int i,j,k;
void setup() {
  gj14.attach(3);
  gj23.attach(4);
  gj1.attach(7);
  gj2.attach(8);
  gj3.attach(11);
  gj4.attach(12);
  Serial.begin(9600);
  irrecv.enableIRIn();
}
void loop() {
  if (irrecv.decode(&results)) {
  Serial.println(results.value, HEX);
  irrecv.resume();}
```

```
        gj14.write(90);
        gj23.write(30);
        gj1.write(30);
        gj2.write(63);
        gj3.write(33);
        gj4.write(105);
        delay(500);
        switch(results.value)
        {
            case 0xFF18E7 :{qian();}break;//2
            case 0xFF10EF :{zuidi();}break;//4
            case 0xFF5AA5 :{zuigao();}break;//6
            case 0xFF4AB5 :{hou();}break;//8
            case 0xFF38C7 :{fuwei();}break;//5
        }
}


void qian()
{
    for(i = 63,j = 33;i <= 90&&j >= 6;i ++ ,j -- )
    {
        gj2.write(i);
        gj3.write(j);
        delay(10);
    }
    for(i = 90;i <= 120;i ++ )
    {
        gj14.write(i);
        delay(10);
    }
    for(i = 90,j = 6;i >= 36&&j <= 60;i -- ,j ++ )
    {
        gj2.write(i);
        gj3.write(j);
        delay(10);
    }
    for(i = 120,j = 30,k = 90;i >= 90&&j >= 0&&k <= 120;i -- ,j -- ,k ++ )
    {
        gj14.write(i);
        gj1.write(j);
        gj4.write(k);
        delay(10);
    }
```

```
      for(i = 36,j = 60;i <= 63&&j >= 33;i ++ ,j -- )
      {
        gj2.write(i);
        gj3.write(j);
        delay(10);
      }
      for(i = 0,j = 120;i <= 30&&j >= 90;i ++ ,j -- )
      {
        gj1.write(i);
        gj4.write(j);
        delay(10);
      }
}


void hou()
{
    for(i = 63,j = 33;i <= 90&&j >= 6;i ++ ,j -- )
    {
      gj2.write(i);
      gj3.write(j);
      delay(10);
    }
    for(i = 90;i >= 60;i -- )
    {
      gj14.write(i);
      delay(10);
    }
    for(i = 90,j = 6;i >= 36&&j <= 60;i -- ,j ++ )
    {
      gj2.write(i);
      gj3.write(j);
      delay(10);
    }
    for(i = 60,j = 30,k = 90;i <= 90&&j >= 0&&k <= 120;i ++ ,j -- ,k ++ )
    {
      gj14.write(i);
      gj1.write(j);
      gj4.write(k);
      delay(10);
    }
    for(i = 36,j = 60;i <= 63&&j >= 33;i ++ ,j -- )
    {
      gj2.write(i);
```

```
    gj3.write(j);
    delay(10);
  }
  for(i = 0,j - 120;i < - 30&&j > - 90;i + + ,j - - )
  {
    gj1.write(i);
    gj4.write(j);
    delay(10);
  }
}

void zuidi()
{
  for(i = 63,j = 33;i > = 36&&j < = 60;i - - ,j + + )
  {
    gj2.write(i);
    gj3.write(j);
    delay(10);
  }
  for(i = 30,j = 105;i < = 60&&j > = 60;i + + ,j - - )
  {
    gj1.write(i);
    gj4.write(j);
    delay(10);
  }
  for(i = 75;i > = 60;i - - )
  {
    gj4.write(i);
    delay(10);
  }
}
void zuigao()
{
  for(i = 63,j = 33;i < = 90&&j > = 6;i + + ,j - - )
  {
    gj2.write(i);
    gj3.write(j);
    delay(10);
  }
  for(i = 30,j = 105;i > = 0&&j < = 120;i - - ,j + + )
  {
    gj1.write(i);
    gj4.write(j);
```

```
    delay(10);
  }
  for( i = 15 ; i < = 30 ; i + + )
  {
    gj1.write(i);
    delay(10);
  }
}
void fuwei()
{
  gj14.write(90);
  gj23.write(30);
  gj1.write(30);
  gj2.write(63);
  gj3.write(33);
  gj4.write(105);
  delay(500);
}
```

参 考 文 献

[1] 陈吕洲.Arduino程序设计基础[M].2版.北京:北京航空航天大学出版社,2015.

[2] 杨佩璐,任昱衡.Arduino入门很简单[M].北京:清华大学出版社,2015.

[3] 海涛.Atmega系列单片机原理及应用——C语言教程[M].北京:机械工业出版社,2008.

[4] 杨明丰.Arduino自动小车最佳入门与应用:打造轮型机器人轻松学[M].北京:清华大学出版社,2017.

[5] 王滨生,刘辉,刘佳男,等.模块化机器人创新教学与实践:"探索者"模块化机器人平台系列[M].哈尔滨:哈尔滨工业大学出版社,2016.

[6] 王茂森,戴劲松,祁艳飞.智能机器人技术[M].北京:国防工业出版社,2015.

[7] 孙桓,陈作模,葛文杰.机械原理[M].8版.北京:高等教育出版社,2013.

[8] 曹其新,张蕾.轮式自主移动机器人[M].上海:上海交通大学出版社,2012.

[9] 朱磊磊,陈军.轮式移动机器人研究综述[J].机床与液压,2009,37(8):242-247.

[10] 胡兴柳,司海飞,滕芳.机器人技术基础[M].北京:机械工业出版社,2021.

[11] 姜培玉.两足机器人动态步行研究[D].西安:西北工业大学,2004.

[12] 谢江.多足机器人行走姿态控制方法研究[D].哈尔滨:哈尔滨工程大学,2017.

[13] 沈为清.一种交叉足步行机器人的设计[J].机电工程技术,2020,49(12):95-96.

附录 1 "探索者"机器人创新组件

C13 Basra控制板	C20 颜色识别传感器	C11 语音模块	P07 内六角扳手	A10 橡胶垫	D03 防滑垫
C54 BigFish2.1	C22 摄像头	C40 OLED	P13 镊子	A01s 偏心轮3 mm	A16 履带片
C44 Mehran控制板	C03 光强传感器	C47/P20 蓝牙串口套装	P09 排线_4芯输出	A02s 挡片偏心轮	P22 1:10模型轮胎
C50 Bridmen扩展板	C33 灰度传感器	C30 NRF无线模块	P10 排线_4芯输入	A03 马达后盖输出头	P24 联轴器
C01 触碰传感器	C26 近红外传感器	C18 无线路由器	P15 1拖2直流扩展线	A04 30齿轮	A19 硅胶轮胎
C02 触须传感器	C28 加速度传感器	M01 标准伺服电机	单芯杜邦线	A04s 随动齿轮	J01 10 mm滑轨
C06 闪动传感器	C34 超声测距传感器	M10 大标准伺服电机	P25 USB线	A05 输出头	J02 3×5双折面板
C07 声控传感器	C35 温湿度传感器	M06 双轴直流电机	C50 2510通信转接板	A06 直流电机输出头	J03 5×7孔面板
C51 语音识别HBR640	C39 编码器	P01 扳手	P02 充电器	A07 大后盖输出头	J04 7×11孔平板
C17 白标传感器	C10 LED模块	P06 螺丝刀	P03 锂电池	A08 大输出头	J05 90°支架

附图 1 "探索者"机器人创新组件

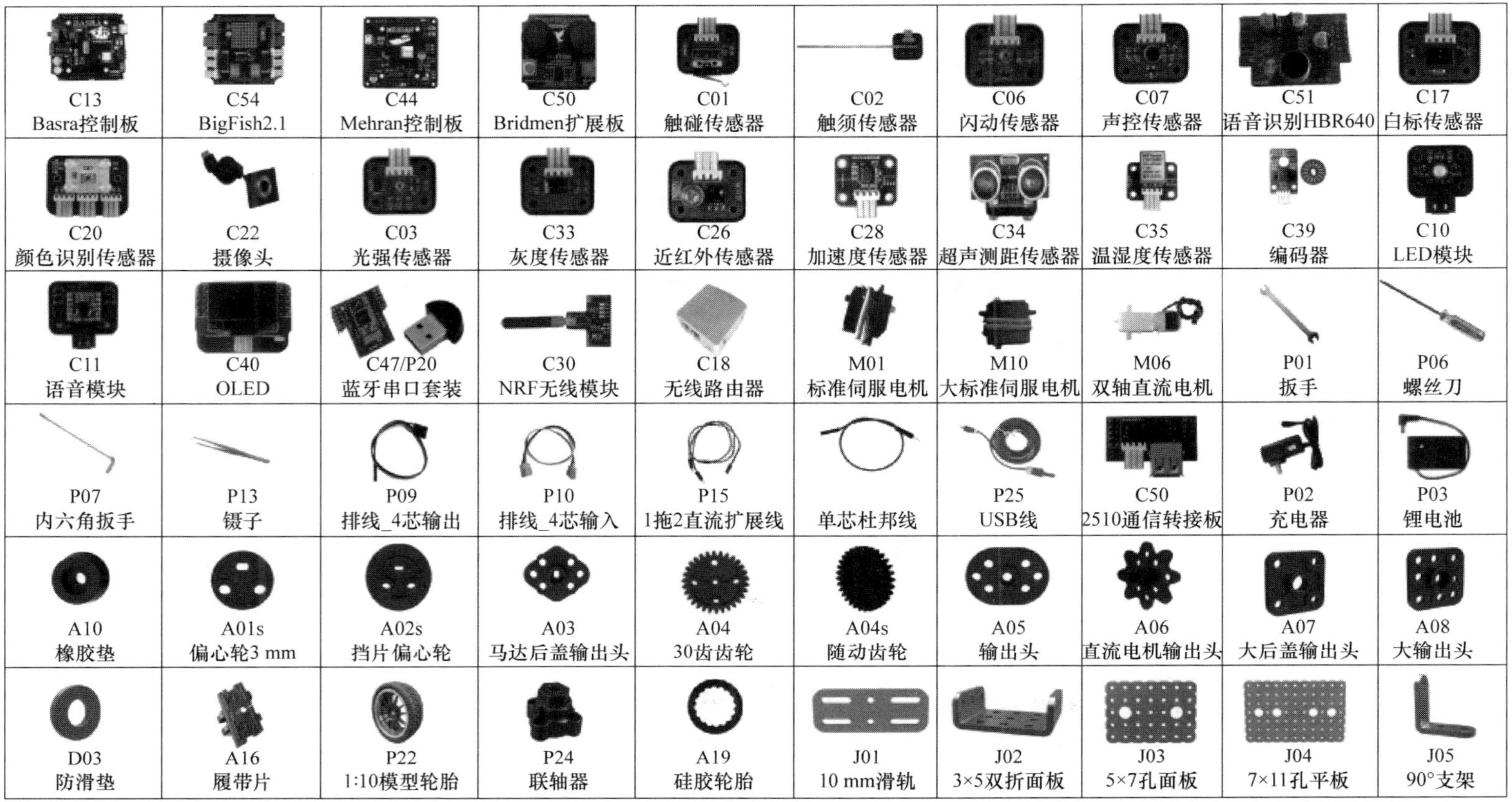

J15 轮支架	J25 球支架片	F316 螺钉16 mm	T154 轴套15.4 mm	
J14 机械手指	J28 72°球片	F310 螺钉10 mm	T104 轴套10.4 mm	
J13 机械手驱动	J26 马达支架	F308 螺钉8 mm	T054 轴套5.3 mm	
J12 机械手40 mm	J25 小轮	F306 螺钉6 mm	T027 轴套2.7 mm	资料U盘
J11 机械手20 mm	J24 四足连杆	P19 牛眼万向轮	M3 螺母	出版教材
J10 舵机双折弯	J23 双足支杆	D01 小垫片	F2510H 直流螺钉	魔术绑带
J09 垫片20	J21 双足腿	J36 弹簧	F206 舵机螺钉	Z30 螺柱30 mm
J08 垫片10	J20 双足连杆	J33 U形支架	F340 螺钉40 mm	Z20 螺柱20 mm
J07 大轮	J19 双足脚	J32 大舵机支架	F325 螺钉25 mm	Z15 螺柱15 mm
J06 传动轴	J17 输出支架	J31 直流电机支架	F320 螺钉20 mm	Z10 螺柱10 mm

附录 2 各调音符频率

附表 1 各音调音符频率　　　　　　　　　　　　　　（单位：Hz）

音　调	音　符						
	1̇	2̇	3̇	4̇	5̇	6̇	7̇
A	221	248	277	294	330	371	416
B	248	277	311	330	371	416	467
C	131	147	165	175	196	221	248
D	147	165	185	196	221	248	277
E	165	185	208	221	248	277	311
F	175	196	221	234	262	294	330
G	196	221	248	262	294	330	371

音　调	音　符						
	1	2	3	4	5	6	7
A	441	495	556	589	661	742	833
B	495	556	624	661	742	833	935
C	262	294	330	350	393	441	495
D	294	330	371	393	441	495	556
E	330	371	416	441	495	556	624
F	350	393	441	467	525	589	661
G	393	441	495	525	589	661	742

音　调	音　符						
	1̇	2̇	3̇	4̇	5̇	6̇	7̇
A	882	990	1 112	1 178	1 322	1 484	1 665
B	990	1 112	1 249	1 322	1 484	1 665	1 869
C	525	589	661	700	786	882	990
D	589	661	742	786	882	990	1 112
E	661	742	833	882	990	1 112	1 248
F	700	786	882	935	1 049	1 178	1 322
G	786	882	990	1 049	1 178	1 322	1 484